工业和信息产业科技与教育专著出版资金资助出版

基于岗位职业能力培养的高职网络技术专业系列教材建设

MySQL数据库技术应用教程

王跃胜　黄龙泉　　主编
曾凡涛　蔡文锐　副主编

電子工業出版社
Publishing House of Electronics Industry
北京·BEIJING

内 容 简 介

本书根据应用型人才教育培养的特点，结合教学改革和企业实践编写而成。教材以企业实践项目——“新闻发布系统”的开发过程为主线，以数据库开发技术为中心，结合常用的开发语言，贯通如下内容：MySQL 的安装部署、数据模型、数据库与数据表、运算符与函数、索引、数据完整性、数据查询、视图、存储过程、触发器、用户和数据安全、编程接口等。

本书内容言简意赅、循序渐进、可操作性强，与企业需求吻合。本书适用对象广，可作高职院校计算机类、企业管理类、财经类等专业“数据库应用技术”课程的教材和培训用书，也可作为从事数据库开发的程序员、爱好者的参考资料。

图书在版编目（CIP）数据

MySQL数据库技术应用教程 / 王跃胜, 黄龙泉主编.—北京：电子工业出版社，2014.8
基于岗位职业能力培养的高职网络技术专业系列教材建设
ISBN 978-7-121-23268-8

Ⅰ.①M… Ⅱ.①王… ②黄… Ⅲ.①关系数据库系统－高等职业教育－教材 Ⅳ.①TP311.138

中国版本图书馆CIP数据核字（2014）第105080号

策划编辑：束传政
责任编辑：束传政
特约编辑：罗树利　彭　瑛
印　　刷：北京虎彩文化传播有限公司
装　　订：北京虎彩文化传播有限公司
出版发行：电子工业出版社
　　　　　北京市海淀区万寿路173信箱　　邮编：100036
开　　本：787×1092　1/16　印张：12　字数：308千字
版　　次：2014年8月第1版
印　　次：2024年12月第14次印刷
定　　价：29.00元

凡所购买电子工业出版社图书有缺损问题，请向购买书店调换。若书店售缺，请与本社发行部联系，联系及邮购电话：（010）88254888，88258888。

质量投诉请发邮件至 zlts@phei.com.cn，盗版侵权举报请发邮件至 dbqq@phei.com.cn。

本书咨询联系方式：（010）88254608。

编委会名单

前言

Preface

经过多年课程建设、校企合作和教学改革的反复探索，我们的数据库课程教学模式也在不断发展之中，现正朝着“教学做一体化、工作过程系统化、教学项目真实化”的方向前进。本教材在编写过程中突出职业能力的培养，通过一个企业的真实项目——“新闻发布系统”的完整实施过程，将 MySQL 数据库开发的相关内容有条不紊地组织起来。全书按照“新闻管理系统”开发的工作顺序组织内容，使学习过程与工作过程保持一致；内容由易到难，循序渐进，符合人类认知规律；各章都配备了实训和课后练习题，能激发学生的学习热情和动力，并从中体会到学习和“工作”的双重乐趣。

本书的内容组织如下表所示。

项目	名称	工作目标	涉及主要知识
1	MySQL管理环境的建立	在现有环境（Windows 或Linux）中安装配置MySQL	MySQL的下载、安装、配置
2	数据模型的设计	进行关系模型设计	E-R图、概念设计、逻辑设计
3	创建新闻发布系统的数据库和表	创建新闻发布系统数据库和表	数据类型、表、数据库
4	MySQL运算符与函数	掌握运算符和函数	运算符、函数
5	新闻发布系统的索引与完整性约束	使用约束和触发器实现数据完整性	约束、数据完整性、触发器
6	新闻发布系统的数据查询和视图查询	使用查询或视图完成新闻检索	查询、视图
7	存储过程和触发器	使用存储过程和触发器实现新闻管理	存储过程、触发器
8	用户和数据安全	保护数据安全	安全、权限
9	访问MySQL数据库	开发应用系统	Java、C#连接MySQL
10	PHP+MySQL开发企业新闻系统	使用PHP开发新闻发布系统	PHP开发动态网站

本书由广东轻工职业技术学院副教授、高级工程师王跃胜进行总体策划和设计，其中项目 1 由蔡文锐老师编写，项目 3、4、5、8、10 由黄龙泉老师编写，项目 9 由曾凡涛老师编写，项目 2、6 由王跃胜编写。在本书编写过程中，编者得到学院领导、企业实习单位、同事、朋友的帮助和支持，在此表示衷心的感谢！

本教材提供教学课件，并提供全部调试通过的源代码。相关资源请登录华信教育资源网（www.hxedu.com.cn）免费下载。

由于编者水平有限，书中难免有疏漏和错误之处，恳请广大读者批评指正。

编　者

2014 年 5 月

目录

Contents

第1章 MySQL管理环境的建立

学习目标

本章将要学习数据库与数据库管理系统的基本概念、数据库技术的发展史、MySQL 基础、MySQL 的安装和 MySQL 的简单使用。本章的学习目标包括：

- 理解数据库管理系统的概念、功能。
- 掌握MySQL的安装、配置、启动和关闭。
- 学会使用系统帮助。
- 初步接触SQL语言。

学习导航

在计算机的三大主要领域（科学计算、数据处理和过程控制）中，数据处理的应用最为广泛。数据处理技术随着计算机技术的发展经历了网状和层次数据库系统、关系数据库系统，现在正朝面向对象数据库系统发展。在数据库相关的基本概念中包括了数据、数据库、数据库管理系统和数据库系统。数据模型经历了网状模型、层次模型和关系模型的演变。

本章的知识结构图如图 1-1 所示。

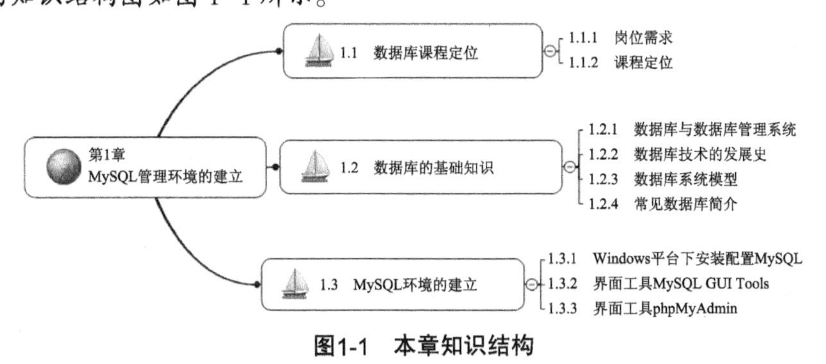

图1-1 本章知识结构

1.1 数据库课程定位

1.1.1 岗位需求

随着互联网技术突飞猛进的发展，互联网软件开发成为高校网络技术专业人才培养的重点。通过对智联招聘、中华英才、前程无忧等专业网络招聘网站深入调查，对人才需求状况和岗位职业能力进行了广泛调研，组织企业一线工程师和职业教育专家对调研结果进行分析，在结合专业优势的基础上，抽取各自的实际应用需求，以及通过对企业IT管理人员所必须具备的核心技能进行准备和筛选，从而确定典型职业岗位，如图1-2所示。

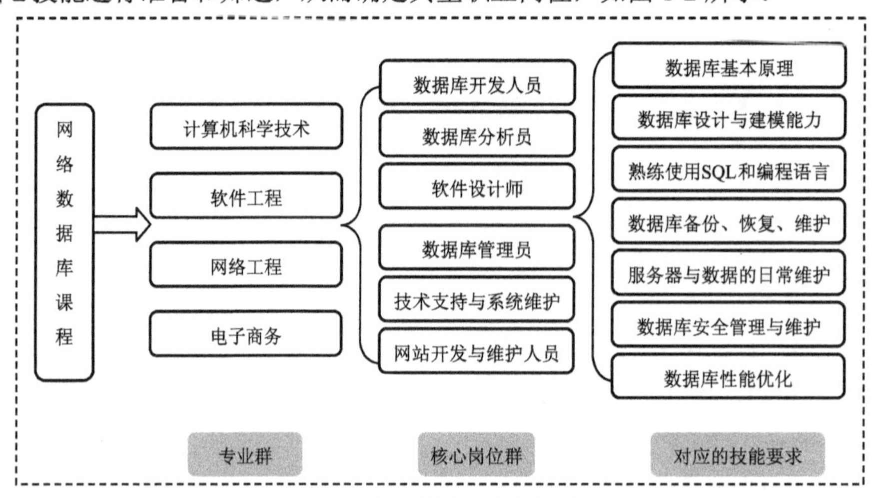

图1-2 岗位需求和技能要求

1.1.2 课程定位

数据库技术是现代软件技术的重要支撑，是诸多研究方向如信息系统、决策支持系统等的基础，也是支持人工智能、办公自动化软件、计算机辅助软件工程等的有力工具。特别是在软件技术专业中，网络数据课程是一门专业必修课程，属于岗位核心能力训练层次，也可作为专业群的核心课程或选修课。课程基于数据库管理岗位能力分析，以数据库实例为载体，将数据库实施、维护和使用技术相融合，是一门实践性很强的课程。本课程主要培养从业人员数据库的实施能力、数据库的维护与管理能力、数据操作能力和数据检索能力。课程定位如图1-3所示。

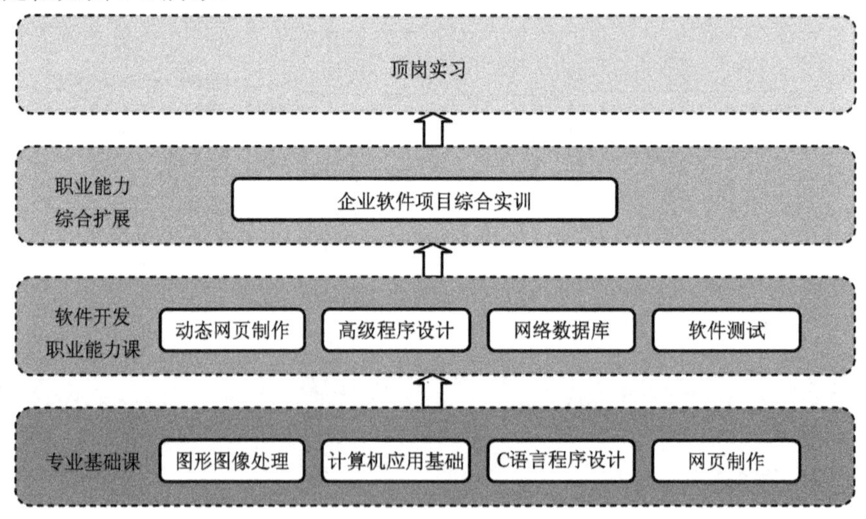

图1-3 课程定位

1.2　数据库的基础知识

1.2.1　数据库与数据库管理系统

1．数据库

数据库（Database）是长期存储在计算机内、有组织的、可共享的大量数据的集合，它具有统一的结构形式并存放于统一的存储介质内，是多种应用数据的集成，并可被各个应用程序所共享，所以数据库技术的根本目标是解决数据共享问题。

简单来说，数据库是“按照数据结构来组织、存储和管理数据的仓库”。在日常工作中，常常需要将相关的数据放进这样的“仓库”，并根据管理的需要进行相应的处理。例如，公司人事部门需要把企业员工的基本情况（包括员工号、姓名、性别、部门、学历、籍贯、入职时间）存放在员工信息表中，如表 1-1 所示。

表1-1　企业员工信息表

员工号	姓名	性别	部门	学历	籍贯	入职时间
u1001	张小明	男	人力资源部	本科	湖南	2009-4
u1002	李华	女	人力资源部	硕士	广东	2011-3
u1004	张天浩	男	广告设计部	本科	上海	2008-10
u1006	黄维	男	市场扩展部	硕士	天津	2009-2
u1007	余明杰	男	研发测试	本科	广东	2011-3

2．数据库管理系统

数据库管理系统（Database Management System，DBMS）是数据库的机构，它是一种系统软件，负责数据库中的数据组织、数据操作、数据维护、控制及保护和数据服务等。数据库管理系统是数据系统的核心。为完成数据库管理系统的功能，数据库管理系统提供相应的数据语言：数据定义语言、数据操纵语言、数据控制语言。

1.2.2　数据库技术的发展史

数据库产生于距今五十多年前，数据管理技术的发展经历了三个阶段：人工管理阶段、文件系统阶段和数据库系统阶段。关于数据管理三个阶段中的软硬件背景及处理特点，简单概括如表 1-2 所示。

表1-2　数据管理三个阶段的比较

		人工管理阶段	文件管理阶段	数据库系统管理阶段
背景	应用目的	科学计算	科学计算、管理	大规模管理
	硬件背景	无直接存取设备	磁盘、磁鼓	大容量磁盘
	软件背景	无操作系统	有文件系统	有数据库管理系统
	处理方式	批处理	联机实时处理、批处理	分布处理、联机实时处理和批处理

续表

		人工管理阶段	文件管理阶段	数据库系统管理阶段
特点	数据管理者	人	文件系统	数据库管理系统
	数据面向的对象	某个应用程序	某个应用程序	现实世界
	数据共享程度	无共享，冗余度大	共享性差，冗余度大	共享性大，冗余度小
	数据的独立性	不独立，完全依赖于程序	独立性差	具有高度的物理独立性和一定的逻辑独立性
	数据的结构化	无结构	记录内有结构，整体无结构	整体结构化，用数据模型描述
	数据控制能力	由应用程序控制	应用程序控制	由DBMS提供数据安全性、完整性、并发控制和恢复

1．人工管理阶段

20 世纪 50 年代中期以前，数据管理以科学计算为主，无法完成其他工作；数据不保存在计算机内，存储设备以纸带、卡片、磁带等为主；无操作系统，无管理数据的软件，数据处理方式是批处理。进行计算时，数据随程序一起输入内存。无专用软件对数据进行管理，应用程序管理数据，数据不共享，数据不具有独立性。如图 1-4 所示为人工管理阶段图示。

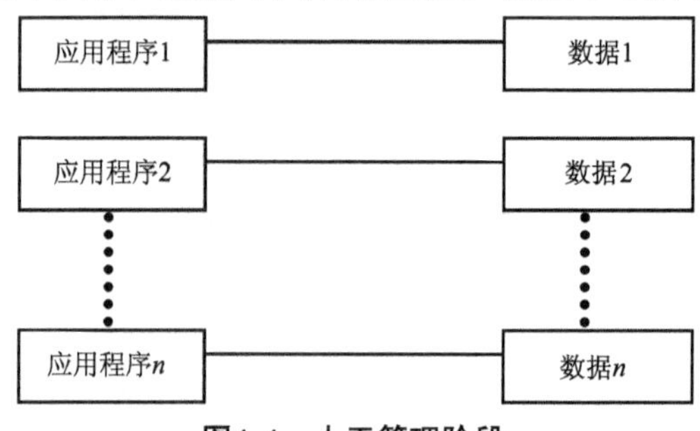

图1-4　人工管理阶段

2．文件系统阶段

20 世纪 50 年代后期至 60 年代中期，随着磁鼓、磁盘等存储设备取代纸带、卡片（容量更大、存取速度更快），软件领域出现了高级语言（FORTRAN，第一个计算机高级语言，它是 1954 年美国 IBM 的 IT 成果）和操作系统。计算机的应用转向信息管理，对数据要进行大量的查询、修改、插入等操作。

数据以文件的形式存储在外存储器上，由操作系统统一管理，操作系统为用户提供了按名存取的存取方式，用户不必知道数据存放在什么地方及如何存储，数据与程序就有了一定的独立性，对数据的操作以记录为单位。用户的应用程序与数据文件可分别存放在外存储器上，不同应用程序可以共享一组数据，实现了数据以文件为单位的共享。

文件系统阶段是数据库管理技术发展的重要阶段，为数据库技术的进一步发展奠定了基础，但也存在缺陷，如数据冗余、数据不一致、数据之间联系弱等。如图 1-5 所示为文件系统阶段示意图。

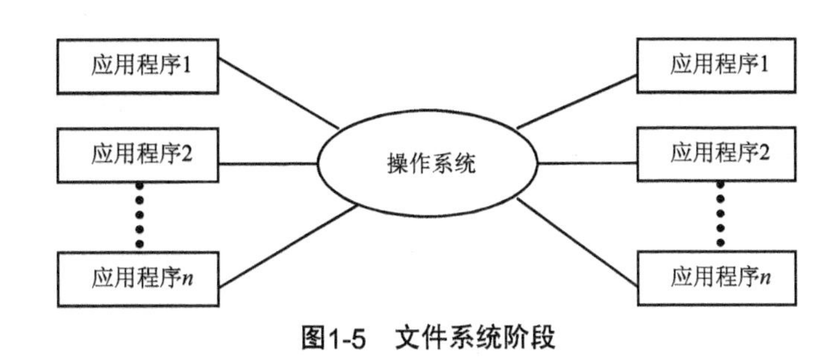

图1-5 文件系统阶段

3. 数据库系统管理阶段

20 世纪 60 年代开始了第五次信息技术革命，计算机技术应用于工业制造、航空航天等各行各业，推动了计算机应用的深入发展。磁盘技术的发展，大容量和快速存取的磁盘陆续进入市场，为数据库技术的产生提供了良好的物质条件。

数据库技术的诞生以下列三大事件为标志。

第一件大事：IMS 的产生

1968 年，IBM 公司推出了基于层次模型的信息管理系统（Information Management System，IMS），它是数据库历史上第一个商用产品，在 20 世纪 70 年代在商业、金融系统中得到广泛应用。

第二件大事：DBTG 报告

1969 年，美国数据系统语言协商会（Conference on Data System Language，CODASYL）下属数据库任务组（Database Task Group，DBTG）发布了一系列的报告，对数据库和数据操作的环境建立了标准的规范，根据 DBTG 报告实现的系统一般称为 DBTG 系统，在 20 世纪七八十年代中期得到广泛应用。CODASYL 组织的另一项贡献是 COBOL（Common Business Oriented Language）语言，它是最早的高级编程语言之一，是世界上第一个商用语言。

第三件大事：Codd 的文章

1970 年，IBM 公司的研究人员 E.F.Codd 发表了大量论文，提出了关系模型，奠定了关系型数据库管理系统的基础。目前市场上的主流数据库如 Oracle、SQL Server、DB2、MySQL 等基本上都是关系数据库，因此 Codd 提出的关系模型具有重大的理论价值。

数据库技术满足了集中存储大量数据以方便众多用户使用的要求。数据库系统的特点如下：

（1）采用复杂的结构化的数据模型。不仅要描述数据本身，还要描述数据之间的联系。这种联系是通过存取路径来实现的。通过存取路径来表示自然的数据联系是数据库与传统文件的根本区别。这样数据库中的数据不再是面向特定的某几个应用，而是公用的、综合的，以最优的方式去适应多个应用程序的要求。

（2）最低的冗余度。在文件系统中，数据不能共享，当不同的应用程序所需要使用的数据有许多是相同时，也必须建立各自的文件，这就造成了数据的重复，浪费了大量的存储空间，也使得数据的修改变得困难。因为同一个数据会存储于多个文件之中，修改时稍有疏漏，就会造成数据的不一致。而数据库具有最低的冗余度，尽量减少系统中不必要的重复数据，在有限的存储空间内存放更多的数据，从而提高了数据的正确性。

（3）较高的数据独立性。用户所面对的是简单的逻辑结构操作数据，而不涉及具体的物理存储结构，数据的存储和使用数据的程序彼此独立，数据存储结构的变化尽量不影响用户程序的使用，用户程序修改时也不要求数据结构做较大的改变，如图 1-6 所示。

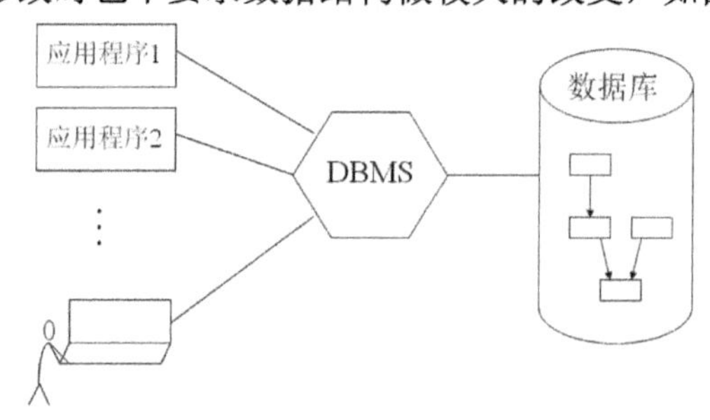

图1-6　数据独立性

（4）数据库系统提供了方便的用户接口。用户可以通过查询语言（如 SQL 语言）操作数据库，还可以用程序方式操作数据库。程序通过调用 SQL 语言操作数据库。对数据的操作不一定以记录为单位，可以以数据项为单位，使得系统更加灵活。信息处理方式不再以程序为中心，而是以数据为中心。传统方式下（文件系统），程序处于主导地位；数据库方式下，数据处于中心地位。

1.2.3　数据库系统模型

数据模型（Data Model）是数据特征的抽象，是数据库管理的教学形式框架，也是数据库系统中用以提供信息表示和操作手段的形式构架。数据模型包括数据库数据的结构部分、数据库数据的操作部分和数据库数据的约束条件。最早的数据模型是层次数据模型，采用树形结构来表示实体之间的关系，20 世纪 70 年代至 80 年代初非常流行。后来在层次模型的基础上发展出了网状数据模型，它采用网状模型作为数据组织方式。20 世纪 80 年代以来，关系数据模型逐步取代了非关系数据模型的统治地位。关系型数据库就是支持这种数据模型的数据库系统，典型产品有 Oracle、MySQL、Sybase、SQL Server。

1.2.4　常见数据库简介

目前，市面上的数据库产品多种多样，从大型企业的解决方案到中小企业或个人用户的小型应用系统，可以满足用户的多样化需求。目前常见的关系型数据库管理系统产品有 Oracle、SQL Server、DB2、Access、MySQL 等。

1．Oracle

Oracle 是 1983 年推出的世界上第一个开放式商品化关系型数据库管理系统。它采用标准的 SQL 结构化查询语言，支持多种数据类型，提供面向对象存储的数据支持，具有第四代语言开发工具，支持 UNIX、Windows NT、OS/2、Novell 等多种平台。除此之外，它还具有很好的并行处理功能。Oracle 产品主要由 Oracle 服务器产品、Oracle 开发工具、Oracle 应用软件组成，也有基于微机的数据库产品，主要满足对银行、金融、保险等企业、事业开发大型数据库的需求。

2．SQL Server

SQL 即结构化查询语言（Structured Query Language）。SQL Server 最早出现在 1988 年，当时只能在 OS/2 操作系统上运行。2000 年 12 月微软发布了 SQL Server 2000，该软件可以运行于 Windows NT/2000/XP 等多种操作系统之上，是支持客户机 / 服务器结构的数据库管理系统，它可以帮助各种规模的企业管理数据。

随着用户群的不断增大，SQL Server 在易用性、可靠性、可收缩性、支持数据仓库、系统集成等方面日趋完美。特别是 SQL Server 的数据库搜索引擎，可以在绝大多数的操作系统之上运行，并针对海量数据的查询进行了优化。目前 SQL Server 已经成为应用最广泛的数据库产品之一。

3．IBM 的 DB2

DB2 是基于 SQL 的关系型数据库产品。20 世纪 80 年代初期，DB2 的重点放在大型的主机平台上。到 20 世纪 90 年代初，DB2 发展到中型机、小型机及微机平台。DB2 适用于各种硬件与软件平台。各种平台上的 DB2 有共同的应用程序接口，运行在一种平台上的程序可以很容易地移植到其他平台。DB2 的用户主要分布在金融、商业、铁路、航空、医院、旅游等各个领域，以金融系统的应用最为突出。

4．Access 数据库

Access 数据库是美国 Microsoft 公司于 1994 年推出的微机数据库管理系统，它具有界面友好、易学易用、开发简单、接口灵活等特点，是典型的新一代桌面数据库管理系统。

5．MySQL

MySQL 是一种开放源代码的关系型数据库管理系统，作为全球知名的 LAMP 体系中最重要的一环，MySQL 数据库承担着后台处理数据的重任。无论是互联网网站还是中小型企业应用，都能看到 MySQL 的身影。开发者为瑞典 MySQL AB 公司，于 2008 年 1 月 16 日被 SUN 公司收购，而 2009 年 SUN 公司又被 Oracle 公司收购。现在的“小海豚”已经属于 Oracle 公司，它的发展方向和路线都会受到相应的影响。

下面的课程将以 MySQL 作为整个数据库的教学软件背景进行学习。

MySQL 的正式发音是“My Ess Que Ell”，而不是“MySequel”。MySQL 除了具有许多其他数据库所不具备的功能和选择之外，MySQL 数据库是一种完全免费的产品，用户可以直接从网上下载数据库，用于个人或商业用途，而不必支付任何费用（推荐下载站点 http://www.mysql.com）。作为应用广泛的网络数据库，MySQL 有着其独有的特点：

（1）可以运行在不同平台上，支持多用户、多线程和多 CPU，没有内存溢出漏洞。

（2）提供多种数据类型，支持 ODBC、SSL，支持多种语言利用 MySQL 的 API 进行开发。

（3）是目前市场上现有产品中运行速度最快的数据库系统。

（4）同时访问数据库的用户数量不受限制。

（5）可以保存超过 50 000 000 条记录。

（6）用户权限设置简单、有效。

1.3 MySQL环境的建立

1.3.1 Windows平台下安装配置MySQL

1．下载 MySQL-5.6.16

从 MySQL 的官网 http://dev.mysql.com/downloads/windows/installer/ 上下载 MySQL-5.6.16 的安装文件，文件名为 mysql-installer-community-5.6.16.0.msi。下载 MySQL 需要注册 Oracle 网站的账号。

2．安装 MySQL-5.6.16

直接双击 mysql-installer-community-5.6.16.0.msi 文件进行安装，设置安装的路径为 C:\Program Files\MySQL\，MySQL 数据库文件和表文件所在的路径为 C:\ProgramData\MySQL\MySQL Server 5.6。如图 1-7 所示为 MySQL 的安装界面。

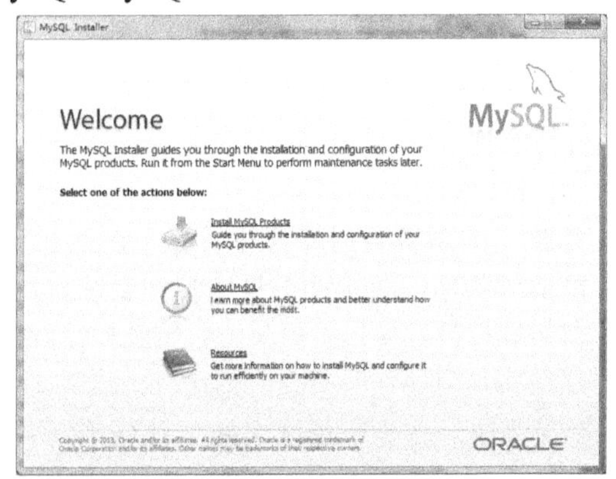

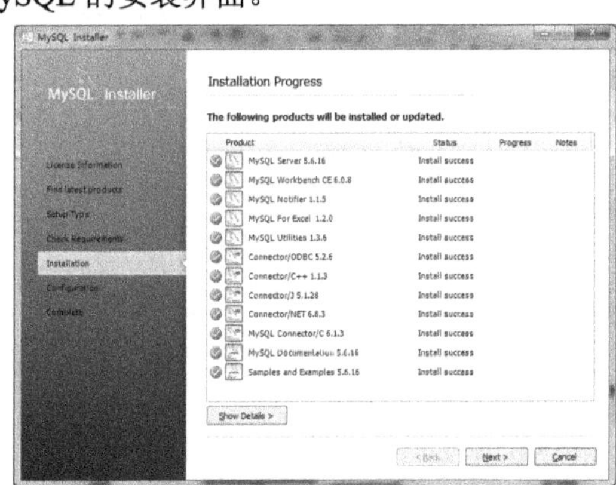

图1-7 安装MySQL

3．配置 MySQL-5.6.16

在安装结束前的一个界面，选择启动 MySQL 的配置向导。这个配置向导就是帮用户建立一个 my.ini 文件，方便使用。

（1）服务器类型界面有“开发机器”、“服务器”、“专用 MySQL 服务器”可选。如果只是装起来简单试一下就可以选择“开发机器”；如果装在服务器上，且服务器上还运行着网站或其他很多东西，那就选择“服务器”；如果这台服务器只用作 MySQL 数据库，那就选择“专用 MySQL 服务器”。该选择将决定 MySQL 使用多少内存。

然后是设置端口，默认启用 TCP/IP 连接，并且使用 3306 端口，如图 1-8 所示。

（2）进入安全选项对话框，在密码输入框中输入 root 用户的密码，如图 1-9 所示。

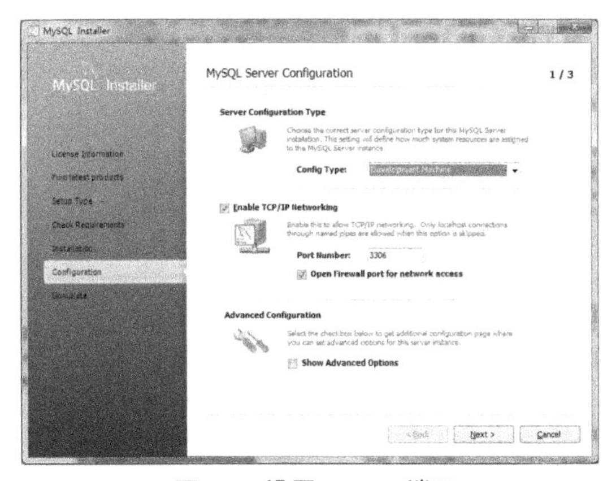

图1-8 设置MySQL端口

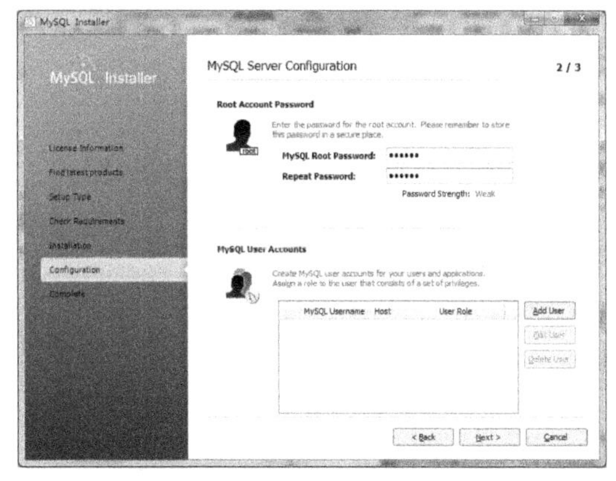

图1-9 设置root用户的密码

（3）进入服务选项对话框，服务名为MySQL56，这里不做修改，如图1-10所示。

（4）最后完成设置，创建my.ini文件，这个文件将被创建到C:\ProgramData\MySQL\MySQL Server 5.6\my.ini。然后配置工具自动将MySQL安装成服务，并启动了它。设置完毕后，提交配置，单击“Finish”按钮即可完成，如图1-11所示。

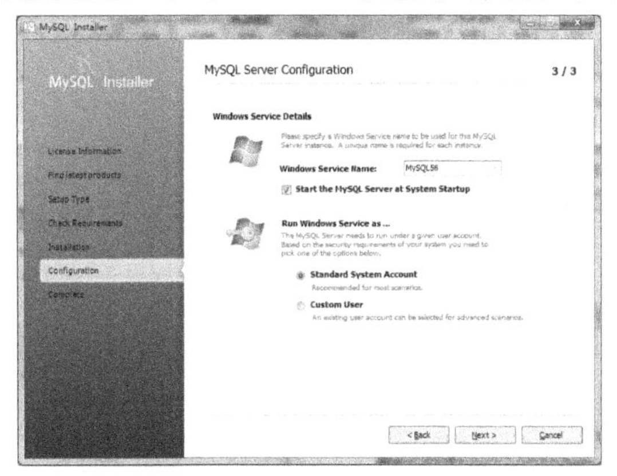

图1-10 设置MySQL服务名

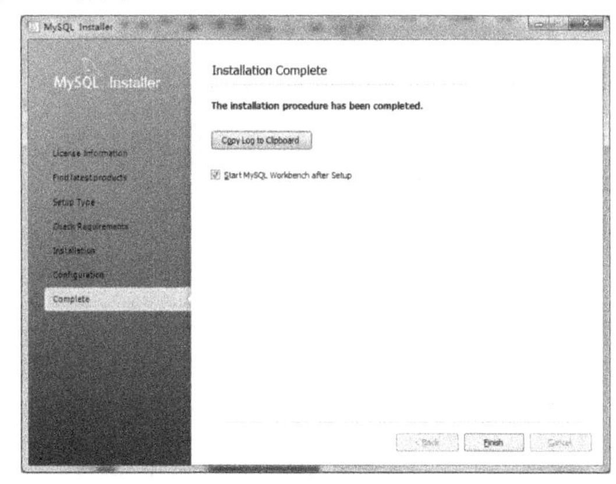

图1-11 提交配置

4．打开一个命令行窗口，使用MySQL登录测试

依次单击“开始”→“所有程序”→“MySQL”→“MySQL Server 5.6”→“MySQL 5.6 Command Line Client”命令，进入MySQL客户端，如图1-12所示。在客户端窗口输入密码，将以root用户身份登录到MySQL服务器，在命令行中输入SQL语句就可以操作MySQL数据库。以root用户身份登录可以对数据库进行所有的操作。MySQL还可以使用其他用户登录。

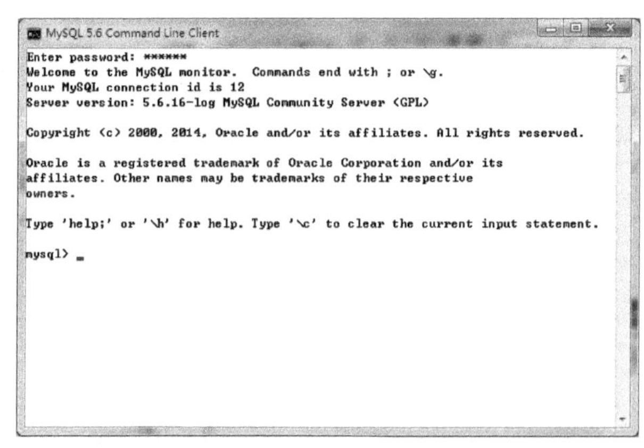

图1-12　登录MySQL测试

以上步骤完成后，MySQL 服务器就可以使用了。由于 MySQL 自身不带界面工具，为了进行可视化的管理，可以另外安装界面工具来处理 SQL 语句。

MySQL 官方网站上提供了 MySQL Administrator 管理工具和 MySQL Query Browser 查询工具，可以一起下载。下载地址是：http://dev.mysql.com/downloads/gui-tools/5.0.html。

界面工具的安装非常简单，这里不详细说明。用户也可以选择其他界面管理工具来操作 MySQL，常用的有 Navicat Lite for MySQL、phpMyAdmin、MySQL Front 等。

1.3.2　界面工具MySQL GUI Tools

MySQL GUI Tools 是官方提供的图形管理工具。这个管理工具的功能非常强大，其中包括 4 个管理工具，分别是 MySQL Administrator、MySQL Query Browser、MySQL Migration Toolkit 和 MySQL System Tray Monitor。

- MySQL Administrator是MySQL管理器，主要在服务端使用，对MySQL服务进行管理。可以启动或关闭MySQL服务、查看连接情况、配置参数、查看管理日志和备份等。
- MySQL Query Browser是MySQL数据查询界面，主要用于客户端，进行数据查询、创建表、创建视图、插入数据等操作。
- MySQL Migration Toolkit是MySQL数据库迁移工具，可以将任何数据源转换成MySQL的数据，也可以将MySQL的数据转换成其他类型的数据。
- MySQL System Tray Monitor是MySQL系统的托盘监视器，从这个监视器中可以打开上面的3个工具。

1.3.3　界面工具phpMyAdmin

phpMyAdmin 是使用 PHP 语言开发的 MySQL 图形管理工具。该工具基于 Web 方式架构在网站主机上，通过 Web 方式控制和操作 MySQL 数据库。通过 phpMyAdmin 可以完全对数据库进行操作，如建立、复制、删除数据等。使用该工具管理数据库非常方便，并支持中文。

在浏览器地址栏中输入 http://localhost/phpMyAdmin/，在弹出的对话框中输入用户名和密码，进入 phpMyAdmin 图形化管理工具主界面，如图 1-13 所示，接下来就可以进行 MySQL 数据库的操作。

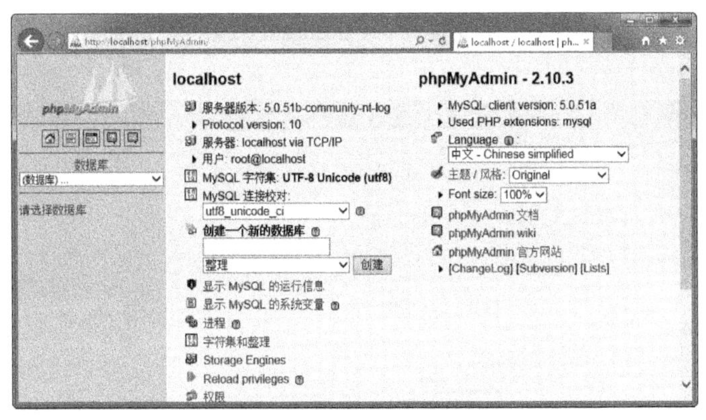

图1-13 phpMyAdmin界面

实训1

【实训目的】

1. 掌握数据库和数据库管理系统的基本概念。
2. 了解 MySQL Administrator 的使用方法。
3. 掌握 MySQL 服务器的安装方法。

【实训准备】

1. 了解 MySQL 安装的软硬件要求。
2. 了解 MySQL 的各种组件及支持的身份验证模式。
3. 了解数据库、表、其他数据库对象

【实训步骤】

1. 启动数据库服务器

（1）选择“开始”→“程序”→“MySQL”→“MySQL Administrator”命令，以系统管理员身份登录，Server Host 为 localhost，UserName 为 root，输入密码，单击“OK”按钮，如图 1-14 所示。

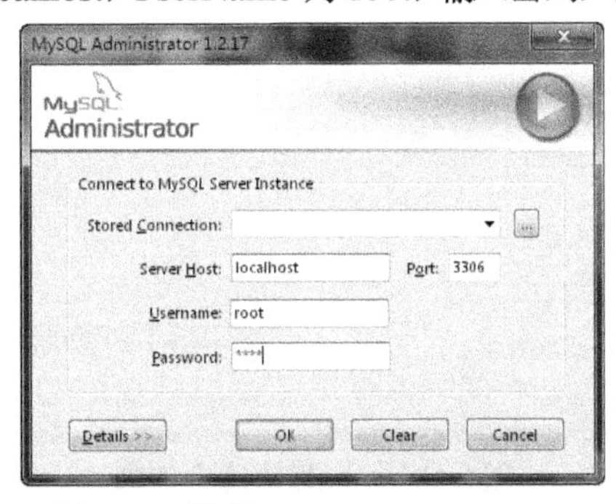

图1-14 登录MySQL Administrator

（2）在 MySQL Administrator 窗口展开“Catalogs”选项栏，显示数据库列表，如图 1-15 所示。

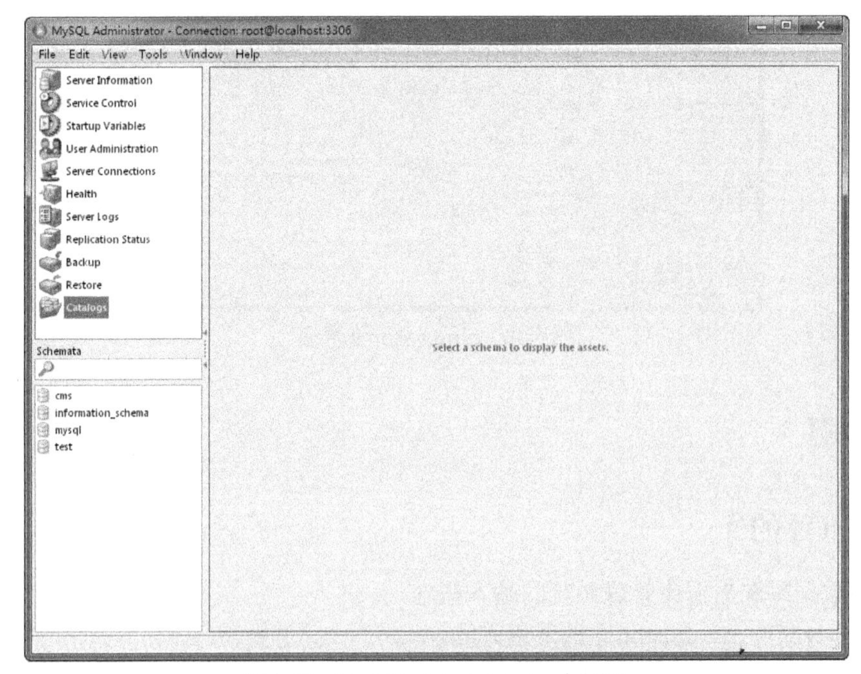

图1-15　MySQL Administrator主界面

（3）选中“cms”数据库，主界面右边框中列出 cms 所有表的信息，包括表的名称、字段类型、记录数等信息，如图 1-16 所示。

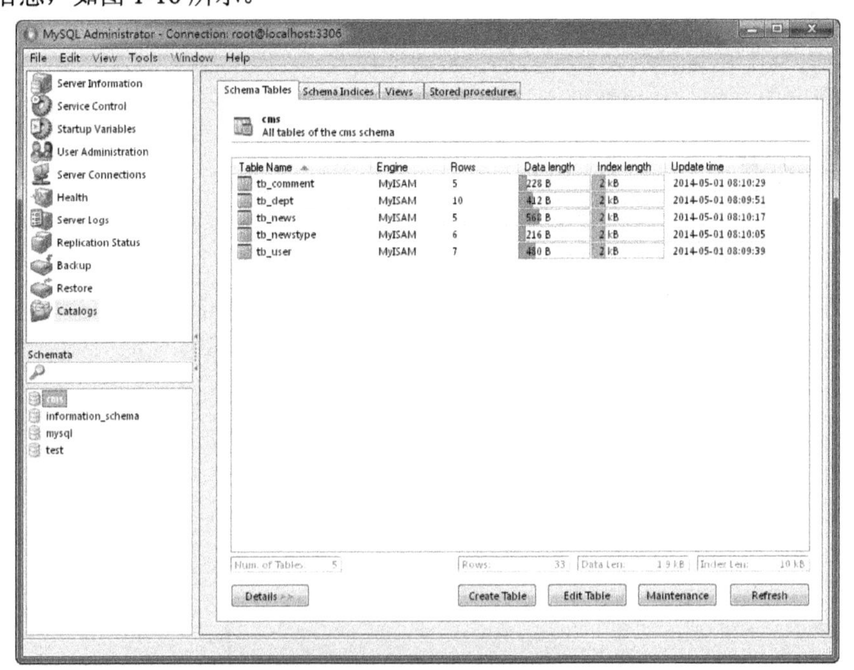

图1-16　cms数据库中的表

（4）单击 tb_news 表，查看表中的结构，如图 1-17 所示。

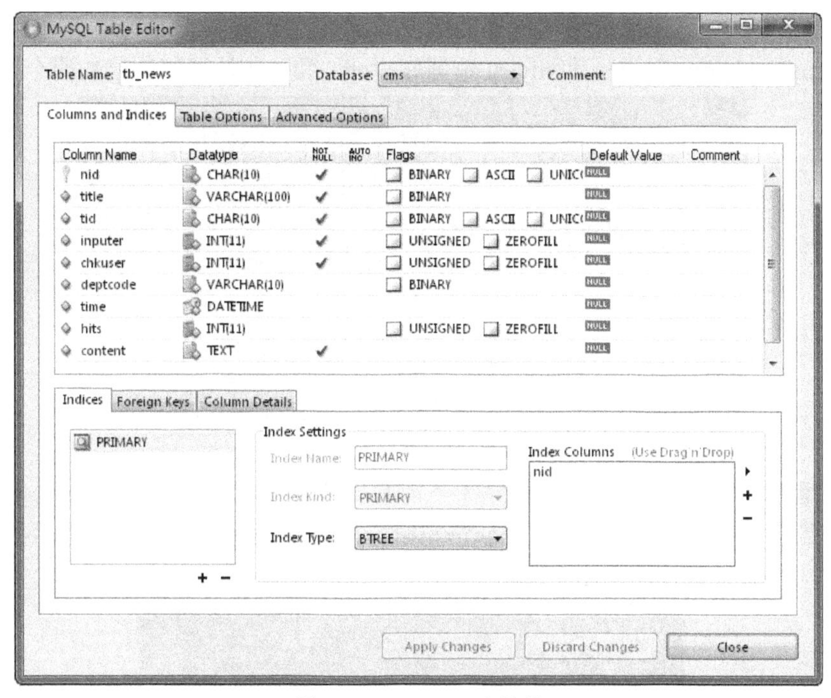

图1-17　tb_news表结构

2．利用 MySQL 客户端访问数据库

（1）选择“开始”→“所有程序”→“MySQL”→“MySQL Server 5.5”→“MySQL Command Line Client”命令，进入 MySQL 客户端界面，输入管理员密码登录，如图 1-18 所示。

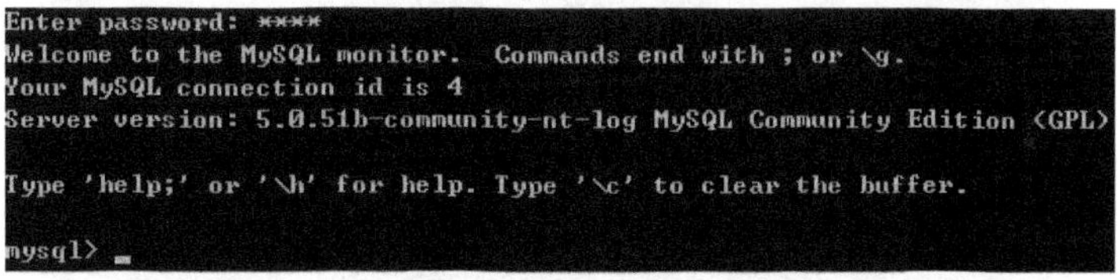

```
Enter password: ****
Welcome to the MySQL monitor.  Commands end with ; or \g.
Your MySQL connection id is 4
Server version: 5.0.51b-community-nt-log MySQL Community Edition (GPL)

Type 'help;' or '\h' for help. Type '\c' to clear the buffer.

mysql> _
```

图1-18　MySQL客户端界面

（2）在客户端输入“help”或“\h”，查看 MySQL 帮助菜单，帮助菜单列出了常用的命令，如图 1-19 所示。

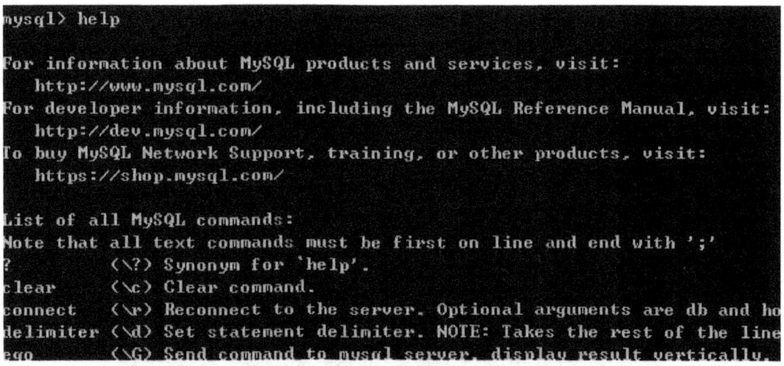

```
mysql> help

For information about MySQL products and services, visit:
   http://www.mysql.com/
For developer information, including the MySQL Reference Manual, visit:
   http://dev.mysql.com/
To buy MySQL Network Support, training, or other products, visit:
   https://shop.mysql.com/

List of all MySQL commands:
Note that all text commands must be first on line and end with ';'
?         (\?) Synonym for `help'.
clear     (\c) Clear command.
connect   (\r) Reconnect to the server. Optional arguments are db and ho
delimiter (\d) Set statement delimiter. NOTE: Takes the rest of the line
ego       (\G) Send command to mysql server, display result vertically.
```

图1-19　帮助菜单

（3）使用 SHOW 语句查看系统创建的所有数据库，如图 1-20 所示。基本系统在安装时自动创建了 information_schema 和 mysql 数据库。cms 和 test 是用户创建的两个数据库。

```
mysql> show databases;
+--------------------+
| Database           |
+--------------------+
| information_schema |
| cms                |
| mysql              |
| test               |
+--------------------+
4 rows in set (0.00 sec)

mysql>
```

图1-20　查看数据库

（4）使用 USE 语句选择 cms 数据库为当前数据库，如图 1-21 所示。该语句执行后即选择了 cms 为当前默认的数据库。执行 sql 语句时，如果不指明数据库，则表示在当前数据库中进行操作。

```
mysql> USE cms
Database changed
mysql>
```

图1-21　选择数据库

（5）使用 SHOW TABLES 语句查看当前数据库中的表，如图 1-22 所示。通过 SHOW 语句结果可以看到 cms 数据库中包含 5 个数据表。

```
mysql> SHOW TABLES;
+----------------+
| Tables_in_cms  |
+----------------+
| tb_comment     |
| tb_dept        |
| tb_news        |
| tb_newstype    |
| tb_user        |
+----------------+
5 rows in set (0.00 sec)

mysql> _
```

图1-22　查看数据表

（6）使用 SELECT 语句查看 tb_user 数据表中的信息，如图 1-23 所示。

```
mysql> SELECT username FROM tb_user;
+----------+
| username |
+----------+
| 张小明       |
| 李华     |
| 李小红       |
| 张天浩        |
| 李洁      |
| 黄维     |
| 余明杰        |
+----------+
7 rows in set (0.00 sec)

mysql>
```

图1-23　查看用户表信息

课后习题1

一、选择题

1. 数据库系统的核心是 ______。

A. 数据模型　　B. 数据库管理系统　　C. 软件工具　　D. 数据库

2. 下列关于数据库系统的叙述中正确的是 ______。

A. 数据库系统减少了数据冗余

B. 数据库系统避免了一切冗余

C. 数据库系统中数据的一致性是指数据类型的一致

D. 数据库系统比文件系统能管理更多的数据

3. 数据模型的组成要素不包括 ______。

A．概念结构　　B．数据结构　　C．数据操作　　D．数据的约束条件

4. 在数据管理技术的发展过程中，经历了人工管理阶段、文件系统阶段和数据库系统阶段。其中数据独立性最高的阶段是 ______。

A. 数据库系统　　B. 文件系统　　C. 人工管理　　D. 数据项管理

5. 用树形结构来表示实体之间联系的模型称为 ______。

A. 关系模型　　B. 层次模型　　C. 网状模型　　D. 数据模型

6.SQL 语言又称为 ______。

A. 结构化定义语言　　B. 结构化控制语言

C. 结构化查询语言　　D. 结构化操纵语言

7. 下列有关数据库的描述，正确的是 ______。

A. 数据库是一个 DBF 文件　　B. 数据库是一个关系

C. 数据库是一个结构化的数据集合　　D. 数据库是一组文件

8. 在数据管理技术发展过程中，文件系统与数据库系统的主要区别是数据库系统具有 ______。

A. 数据无冗余　　B. 数据可共享

C. 专门的数据管理软件　　D. 特定的数据模型

9.MySQL 是一种 ______ 类型的数据库管理系统。

A. 关系模型　　B. 网状模型　　C. 实体 - 关系模型　　D. 层次模型

二、思考题

1. 如何选择数据库？

2. 数据存储的发展过程经历了哪几个阶段？

3. 常用的数据库系统有哪些？

4. MySQL 数据库如何分类？

第2章 数据模型的设计

学习目标

本章将要学习三种数据模型，数据库概念模型设计及逻辑设计的过程，讲解 E-R 图转化为关系模型的方法。本章的学习目标包括：

- 理解E-R图、概念设计、逻辑设计、物理设计的概念和区别。
- 掌握概念设计、逻辑设计、物理设计的方法。
- 优化关系模型。

学习导航

数据库开发人员总是希望自己设计的数据库简单易用、安全可靠、容易维护和扩展、冗余最小，并希望用户存取数据时有较高的响应速度。本章将围绕新闻发布系统数据库的构建过程阐述相关知识。新闻发布系统的功能是否满足用户的需求，很大程度上依赖于系统的设计是否能够满足用户的应用需求。数据库的建模是新闻发布系统首先要解决的问题。

本章的知识结构图如图 2-1 所示。

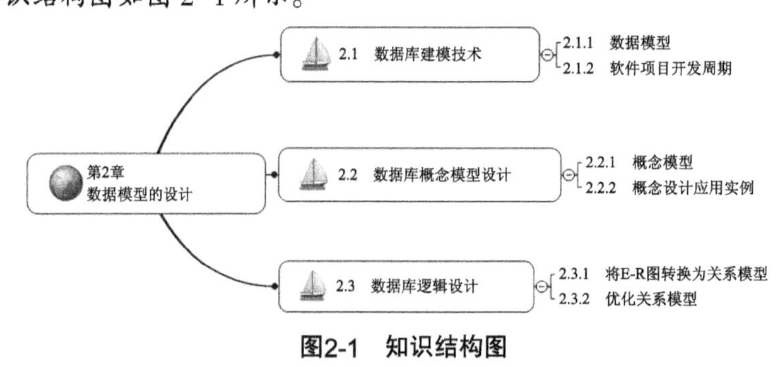

图2-1 知识结构图

2.1 数据库建模技术

2.1.1 数据模型

数据（Data）是描述事物的符号记录。

模型（Model）是现实世界的抽象。

数据模型是数据库系统的核心，是对客观事物及其联系的数据的描述，即实体模型的数据化。数据模型是表示实体与实体之间联系的模型。数据模型从抽象层次上描述了数据库系统的静态特征、动态行为和约束条件，因此数据模型通常由数据结构、数据操作及数据的约束条件三部分组成。

1．数据结构

数据结构是所研究的对象类型（Object Type）的集合。这些对象和对象类型是数据库的组成成分，一般可分为两类：一类是与数据类型、内容和其他性质有关的对象；一类是与数据之间的联系有关的对象。前者如网状模型中的数据项和记录，关系模型中的域、属性和关系等；后者如网状模型中的关系模型。在数据库领域中，通常按照数据结构的类型来命名数据模型，进而对数据库管理系统进行分类。如层次结构、网状结构和关系结构的数据模型分别称为层次模型、网状模型和关系模型。相应地，数据库分别称为层次数据库、网状数据库和关系数据库。

2．数据操作

数据操作是指对各种对象类型的实例（或值）所允许执行的操作的集合，包括操作及有关的操作规则。在数据库中，主要的操作有检索和更新（包括插入、删除、修改）两大类。数据模型定义了这些操作的定义、语法（即使用这些操作时所用的语言）。数据结构是对系统静态特性的描述，而数据操作是对系统动态特性的描述，两者既有联系，又有区别。

3．数据的约束条件

数据的约束条件是完整性规则的集合。完整性规则是指在给定的数据模型中，数据及其联系所具有的制约条件和依存条件，用以限制符合数据模型的数据库的状态及状态的变化，确保数据的正确性、有效性和一致性。

数据库管理系统所支持的数据模型分为 3 种：层次模型、网状模型和关系模型。各数据模型的特点如表 2-1 所示。

表2-1　各种数据模型的特点

发展阶段	主要特点
层次模型	用树形结构表示实体及其之间联系的模型称为层次模型，上级结点与下级结点之间为一对多的联系
网状模型	用网状结构表示实体及其之间联系的模型称为网状模型，网中的每一个结点代表一个实体类型，允许结点有多于一个的父结点，可以有一个以上的结点没有父结点
关系模型	用二维表结构来表示实体及实体之间联系的模型称为关系模型，在关系模型中把数据看成是二维表中的元素，一张二维表就是一个关系

2.1.2　软件项目开发周期

1．生命周期模型

在软件开发项目中，有不同的生命周期模型，常见的有螺旋模型、增量模型、瀑布模型、倒 V 模型等，项目所处的环境不同可以采用相应的模型，在这里以倒 V 型为例进行说明。

倒 V 型共分为 10 个阶段，将这 10 个阶段排成一个倒 V 型，如图 2-2 所示。

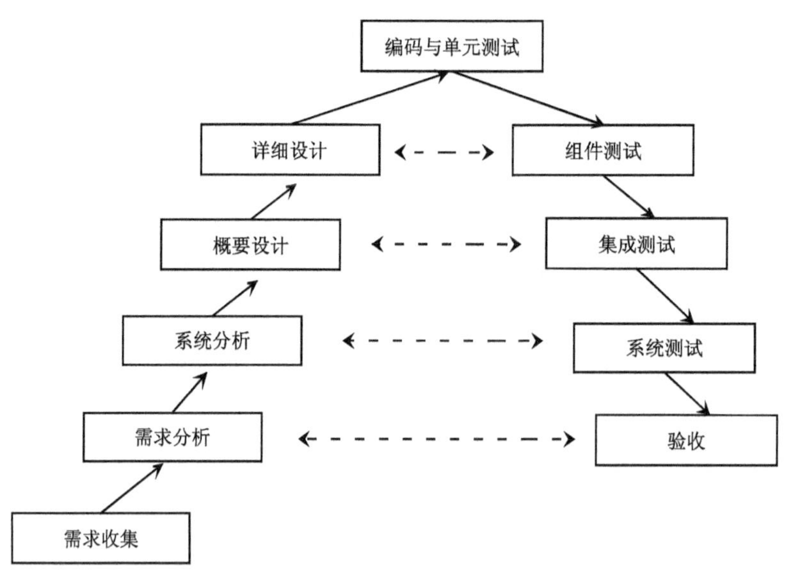

图2-2　倒V模型

从图 2-2 中可以看出，左右两边平行的矩形形成一种对应关系，按照投入产出的原理，左边是投入，右边为产出。

2．生命周期各阶段任务

每一个阶段有不同的任务，不同的任务由不同的角色来完成，如表 2-2 所示。

表2-2　生命周期各阶段任务

序号	阶段	主要工作任务	参与者
1	需求搜集	调研用户需求及用户环境 论证项目可行性 制定项目初步计划	项目经理（PM） 系统管理员（SA） 顾问（Consultant） 用户（Customer）
2	需求分析	确定系统运行环境 建立系统逻辑模型 确定系统功能及性能要求 编写需求规格说明、用户手册概要、测试计划	PM SA Consultant 测试经理（TestManager） Customer
3	系统分析	系统架构分析 建立系统总体结构，划分功能模块 概念模型细化 制定系统测试计划	SA Consultant
4	概要设计	定义各功能模块接口 数据库设计（如果需要） 制定组装测试计划	SA Consultant 开发人员（Developers）
5	详细设计	设计各模块具体实现算法 确定模块间详细接口 制定模块测试方案	SA Developers
6	编码与单元测试	编写程序源代码 进行模块测试和调试 编写用户手册	Developers

续表

序号	阶段	主要工作任务	参与者
7	组件测试	执行组件测试计划 编写组件测试报告	SA Developers
8	集成测试	执行集成测试计划 编写集成测试报告	SA TestManager
9	系统测试	测试整个软件系统 试用手册	Tester TestManager
10	验收	与用户或第三方进行验收测试 编写开发总结报告	PM Tester TestManager Customer
11	维护	纠正错误，完善应用 对修改进行配置管理 编写故障报告和修改报告 修订用户手册	Developers Tester

由表 2-2 可以看出，与数据库相关的设计任务在“概要设计”阶段。对于关系型数据库来说，数据库的设计可以分为 3 个阶段，分别是概念设计、逻辑设计和物理设计，下面分别进行讨论。

2.2　数据库概念模型设计

2.2.1　概念模型

1．概念模型设计简述

概念设计就是把现实世界中的客观对象抽象为某一种信息结构，这种信息结构不依赖某一数据库管理系统（DBMS），或者说对任意一个 DBMS 都适用，它的主要任务是找出实体及这些实体的属性。

2．概念模型相关术语

1）实体

实体是具有一组特定属性集合的对象。实体可以是任何能够存储数据的对象、项、地点、人物、概念或活动，可以很容易地根据实体的定义辨别实体。

- 将一家“公司”看作一个数据库，那么这个数据库中的实体有“员工”、“产品”、“部门”等。
- 如果将某公司的“新闻发布网站”看作一个数据库，那么用户关心的实体有“网站会员”、“新闻类别”、“新闻”、“部门”、“评论”等。有经验的数据库设计者往往用英文字母（可以是英语单词、英语单词的缩写、拼音或拼音的缩写）命名实体，如Users表示会员、Dept表示部门、jiaoshi表示教室等。

思考与练习

如果将“学校”看作一个数据库，那么这个数据库中的实体有哪些？

某一个具体的实体称为实体的实例，如“学校”是实体，“北京大学”就是实体“学校”的实例，“计算机网络技术”是实体“专业”的实例等。

2）属性

属性是实体的特征，它将一个实体和其他实体区分开来，并提供该实体的信息。实例“公司”的属性有公司名称、公司地址、联系电话、法人代表等。

思考与练习

如果将“学校”看作一个数据库，那么这个数据库有哪些属性？

3）实体属性图

在关系模型中，一般用矩形 □ 表示实体，用椭圆形 ⬭ 表示属性，将它们用直线连在一起就构成实体属性图，如图 2-3 ～图 2-5 所示。

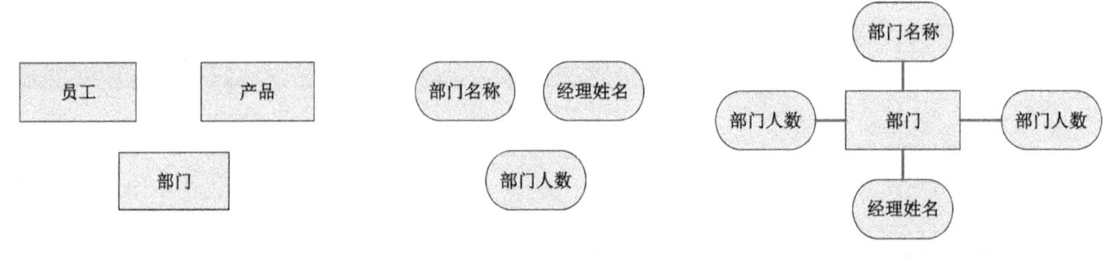

图2-3　用矩形表示实体　　图2-4　用椭圆形表属性　　图2-5　实体属性图

4）关系

关系是实体之间的联系，可以在一对逻辑上相关的实体间建立关系，也可以在独立的实体间建立关系。一般用菱形 ◇ 来表示实体间的关系。

在公司中，用图形表示实体“部门”和实体“员工”之间的关系，实体“部门”和实体“员工”之间是包含与被包含的关系，如图 2-6 所示。

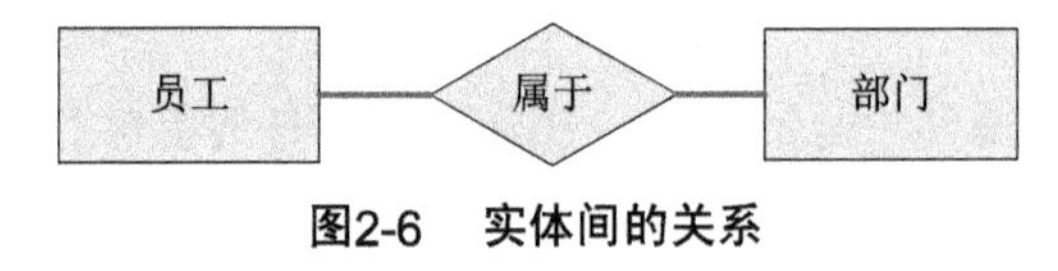

图2-6　实体间的关系

5）E-R 图

现实世界中，事物是相互联系的。在信息化项目，如新闻发布系统中，各实体之间也存在着联系。找实体时主要是找名词，而找关系时主要是找动词。如“部门包含员工”中的动词“包含”就构成了实体“部门”和实体“员工”之间的关系。类似的还有“员工发布新闻”、“部门包含人员”、“新闻归属类别”等。

实体间的联系用 E-R 图表示。正如前面所述，E（Entity）表示实体，用矩形 □ 表示；R（Relation）表示联系，用菱形◇表示。联系分为以下 3 类。

（1）1 对 1 联系（1：1）。两个实体间是 1 对 1 的联系，如一个班级只有一个班长，一个部门只有一个经理，一个公司只有一个总经理等。

（2）1 对多联系（1:n）。设有实体集 A 和 B，如果 A 中的每个实体，B 中都有 n（$n \geqslant 0$）个实体与之对应；B 中的每个实体，A 中最多有一个实体与之对应，就称 A 与 B 的联系是 1 对多联系，简写为 1：n。如班级与学生就是 1 对多联系，因为一个班级包含多名学生，任一个学生肯定属于某一个班级。部门与员工也是 1：n 联系。

（3）多对多联系（m：n）。对于实体集 A 和 B，任一方中的实体都可以从另一方中找到多个实体与之对应，则称 A 和 B 是多对多联系。学生与课程就是多对多联系，因为一个学生可以学习多门课程，一门课程可以由多名学生学习。

思考与练习

找出新闻发布系统中的实体，画出实体属性图、E-R图。

2.2.2　概念设计应用实例

1．任务描述

为了建立公司的新闻发布系统，必须进行数据库设计，其中概念设计是数据库设计的重要阶段，也是数据库设计的基础。概念设计的主要任务就是找实体、找属性、画 E-R 图。

2．任务分解

根据新闻发布系统的功能和要求，概念设计阶段必须完成以下几个任务。

（1）找实体。

（2）找实体的属性。

（3）找关系。

（4）画出 E-R 图。

3．操作步骤

（1）找实体。对于新闻发布系统中的实体，可以联想一下 QQ 聊天、网上论坛，甚至新浪、腾讯等知名门户网站，并思考与新闻有关的实体，如新闻由谁发布、新闻属于哪个类别（相当于门户网站的频道）、某一新闻是否有网友评论等，结合用户对新闻发布系统的功能需求，得出如下实体。

①用户。用于管理新闻发布系统中的用户，用户可以发布、审核、评论新闻，管理员还可以管理用户。

②新闻类别。用于管理新闻发布系统中的新闻类别，每一条新闻属于一个新闻类别。

③新闻。用于管理新闻发布系统中的新闻，这是新闻发布系统的主要实体。

④新闻评论。用于管理新闻发布系统中的新闻评论，每一条新闻可以有多个评论。

⑤部门。用于管理新闻发布系统中的部门，每一条新闻属于一个部门，每一个部门包含一些用户。

（2）找属性。对应在第（1）步中的实体，逐个找出相关的属性，不关心的属性可以忽略。

①用户。用户的属性有代号、姓名、登录密码、所属部门、级别、状态等。

②新闻类别。新闻类别的属性有编号、名称、状态、包含的新闻条数等。

③新闻。新闻的属性有编号、标题、发布者、审核者、发布部门、发布时间、点击次数、新闻内容等。

④新闻评论。新闻评论的属性有编号、评论者、评论时间、评论内容、评论对应的新闻等。

⑤部门。部门的属性有编号、名称、状态、上级部门、部门等级等。

（3）找关系。对应在第（1）步中的实体，逐个找出它们之间的关系。

①部门包含用户。

②新闻类别包含新闻。

③用户发布新闻。

④用户评论新闻。

（4）画出 E-R 图。对应在第（1）、（3）步中的实体和关系，画出 E-R 图，如图 2-7 所示。

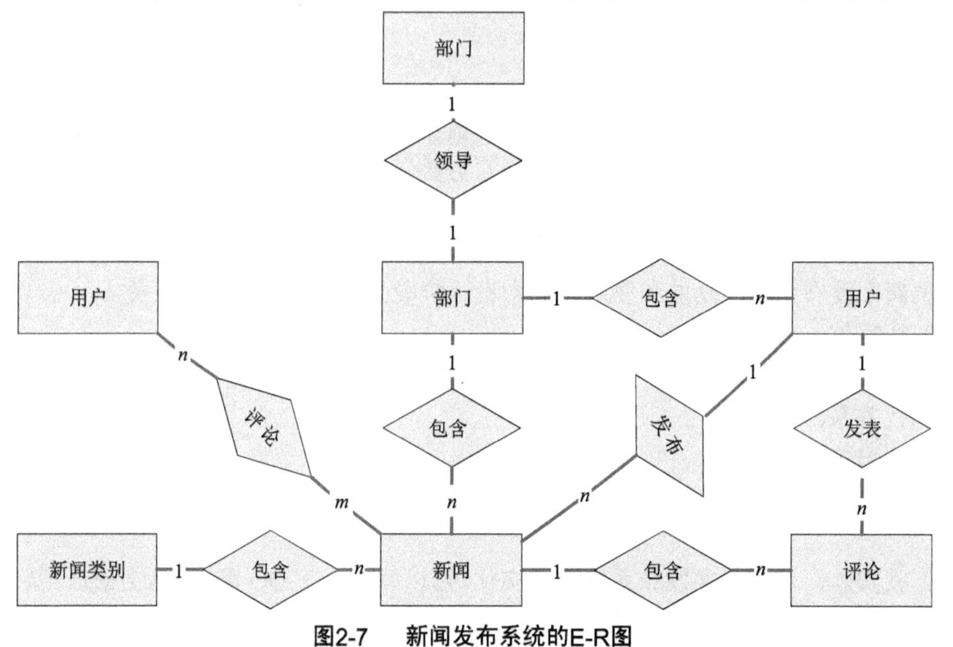

图2-7　新闻发布系统的E-R图

2.3　数据库逻辑设计

逻辑设计的任务是将概念设计的结果转换为关系模型，再将转换过来的关系数据模型进行优化。本任务的目标就是将 E-R 图转换为数据库系统所支持的关系模式，并为下一任务——物理设计做好准备。

2.3.1　将E-R图转换为关系模型

1．转换原则

将 E-R 图转换为关系模型就是要将实体、实体属性和实体间的联系转换为关系模式。这里介绍几种常用且行之有效的方法。

（1）一个实体转换为一个关系模式。这是最普遍也是最简单的方法，实体的属性即是关系的属性，实体的关键字即是关系的关键字。

（2）一个 m：n 联系转换为一个关系模式。联系的每个实体的关键字及联系本身的属性全部转换成关系模式的属性，其关键字为联系间各实体关键字的组合。

（3）一个 1：n 联系转换为一个独立的关系模式，也可以与 n 端对应的关系模式合并。如果转换为一个独立的关系模式，则与该联系相连的各实体的关键字及联系本身的属性均转换为关系的属性，而关系的关键字为 n 端实体的关键字。一般来说，应该首选与 n 端对应的关系模式合并，以减少关系的个数。

（4）一个 1：1 联系转换为一个独立的关系模式，也可与任一端对应的关系模式合并。这种方法是 1：n 联系的特例，设想 n=1 即可。

2．新闻发布系统的逻辑设计

按照上面介绍的方法来进行本项目的逻辑设计。

(1)一个实体转换成一个关系模式。本项目共有 5 个实体，于是得到如下 5 个关系模式(其中，粗体加下画线部分为**关键字**)。

用户（**代号**，姓名，登录密码，所属部门，级别，状态）

部门（**编号**，名称，状态，上级部门，部门等级）

新闻（**编号**，标题，发布者，审核者，发布部门，发布时间，点击次数，新闻内容）

新闻类别（**编号**，名称，状态，包含的新闻条数）

新闻评论（**编号**，评论者，评论时间，评论内容，评论对应的新闻）

（2）一个 m:n 联系转换为一个关系模式。本项目有一个 m:n 联系，即用户 - 新闻联系，表示用户评论新闻（一个人可以评论多条新闻，一条新闻可以由不同的用户来进行评论）。

找出实体的关键字：新闻 . 编号，用户 . 代号。

确定联系的属性：评论。

得出关系模式：评论（新闻 . 编号，用户 . 代号，评论）。

（3）1:n 联系。本项目共 5 个 1:n 联系，以部门 - 新闻为例进行说明，有两种转换方法。

第一种，一个联系对应一个关系模式，得到如下关系模式：

部门 - 新闻（部门编号，新闻编号）

第二种，与 n 端对应的关系模式合并，得到新的关系模式（这也是我们建议的模式）

部门（编号，名称，状态，上级部门，部门等级）

新闻（编号，标题，发布者，审核者，发布部门，发布时间，点击次数，新闻内容）

（4）1:1 联系。本项目有一个 1:1 联系，即经理 - 部门。如果按独立的关系模式来处理，得到关系模式为：

经理-部门（人员编号，部门编号）

反过来也可以：

部门-经理（部门编号，经理编号）

本项目采取合并的方法，将其合并到人员关系模式中，即：

用户（代号，姓名，登录密码，所属部门，级别，状态）

2.3.2 优化关系模型

1. 优化方法

数据库模型的优化方法有以下几种。

（1）确定数据依赖。对于各个关系模式之间的数据依赖进行极小化处理，消除冗余的联系。按照数据依赖的情况对关系模式逐一进行分析，考查是否存在部分依赖、传递依赖、多值依赖等。按照需求分析阶段得到的各种应用对数据处理的要求，分析对于这样的应用环境这些模式是否合适，确定是否要对它们进行合并或分解。

（2）对关系模式进行必要的分解。数据库设计人员为了判断关系模式的优劣，预测关系模式可能出现的问题，需要对关系模式进行必要的分解，使数据库设计工作有严格的质量保障。

2. 新闻发布系统逻辑模型的优化

数据优化是个大课题，这里不做深入的探讨，而是通过分析一个实例，希望对读者有所启发。

首先来观察这个关系模式：部门（编号，名称，状态，上级部门，部门等级），其属性“名称”是指部门名称，其取值范围比较明确；同理，“上级部门”和“状态”也是如此。而属性“部门等级”就有所不同，不同的人可能有不同的理解。因为部门是有级别的，也就是说有大部门和小部门之分，所以可能出现“总部”、“分部”、“一级”、“二级”等五花八门的字眼，没有统一的标准，这对数据的完整性和规范性是不利的。

接下来要找出解决这一问题的方法。解决的方法就是将属性“部门等级”提取出来，建立一个新的关系模式——部门等级（编号，名称，说明），所有的等级都在此关系模式中进行管理，在其他关系模式中只引用不参与管理，这样就可以提高数据的统一完整。

完成逻辑设计之后，就可以进行物理设计了。如何进行物理设计，请继续下一个项目“新闻发布系统的数据库和表”的学习。

实训2

【实训目的】

1. 掌握概念设计的方法。
2. 掌握逻辑设计的方法。

【实训准备】

1. 结合自己所处的环境，找出“教学管理系统”的实体与属性。
2. 构造“教学管理系统”的实体 - 联系（E-R）图。
3. 根据需求分析，设计相应的数据库。

【实训步骤】

1．根据“教学管理系统”需求分析，设计 E-R 图。

在教学管理中，学校开设若干门课程，一个教师可以教授一门或多门课程，每个学生也需要学习其中的几门课程。因此，教学管理中涉及的对象有教师、学生和课程。其中，学生与课程是多对多的联系，而教师与课程的联系是一对多（这里设一门课程只有一个主授教师）。根据系统需求分析，得到以下实体：

教师实体，属性有教工编号、姓名、性别、职称、所有部门等。

课程实体，属性有课程号、课程名、学分、学时等。

学生实体，属性有学号、姓名、性别、系、专业等。

（1）根据以上需求分析，设计其 E-R 图。

（2）将 E-R 图转换为关系模型，并标识出实体的主键和外键。

2．案例分析：根据业务规则设计，帮助某建筑公司设计一个数据库。

公司的业务规则概括说明如下：

- 公司承担多个工程项目，每一项工程有工程号、工程名称、施工人员等。
- 公司有多名职工，每一名职工有职工号、姓名、性别、职务（工程师、技术员）等。
- 公司按照工时和小时工资支付工资，小时工资由职工的职务决定（例如，技术员的小时工资率与工程师不同）。

公司定期制定一个工资报表，如表 2-3 所示。

表2-3 工资报表

工程号	工程名称	职工号	姓名	职务	小时工资	工时	实发工资
A1	花园大厦	1001	齐光明	工程师	65	13	845.00
		1002	李思岐	技术员	60	16	960.00
		1004	葛宇宏	律师	60	19	1140.00
			小计				2945.00
A2	立交桥	1001	齐光明	工程师	65	15	975.00
		1003	鞠明亮	工人	55	17	935.00
			小计				1910.00
A3	临江饭店	1002	李思岐	技术员	60	18	1080.00
		1004	葛宇洪	技术员	60	14	840.00
			小计				1920.00

课后习题2

一、填空题

1. 进行数据库设计一般要经过 3 个阶段，分别是 ______、______ 和物理设计。
2. 实体用 ______ 符号表示，属性用 ______ 符号表示。
3. 一般来说，一个实体至少包含编号和 ______ 两个属性。
4. 实体间的关系是用 ______ 图来表示的。

二、选择题

1. 以下哪项不能描述实体间的关系？______

A. 合作　　B.1:1　　C.1:n　　D. 相似

2. 将 E-R 图转换为关系模型时，以下哪种说法是错误的？______

A. 一个实体转换为一个关系模式　　B. 多个实体合并为一个关系模式

C. 一个 m:n 联系转换为一个关系模式　　D. 联系是可以转换为模式的

3. 数据库设计的 3 个阶段中不包括 ______。

A. 概念结构设计　　B. 逻辑结构设计

C. 物理结构设计　　D.E-R 图设计

4. 在数据库技术中，实体 - 联系模型是一种 ______。

A. 逻辑数据模型　　B. 物理数据模型

C. 结构数据模型　　D. 概念数据模型

5.E-R 图中，用长方形和菱形分别表示 ______。

A. 联系、属性　　B. 属性、实体

C. 实体、属性　　D. 实体、联系

6. 所谓概念模型，指的是 ______。

A. 客观存在的事物及其相互联系

B. 将信息世界中的信息数据化

C. 实体模型在计算机中的数据化表示

D. 现实世界到机器世界的一个中间层次，即信息世界

三、思考题

1. 试述数据设计的过程。
2. 什么是 E-R 模型图？简述 E-R 图构成的 3 个要素。
3. 简单说明层次模型、网状模型和关系模型的含义。
4. 试举出 3 个实例，要求实体之间分别为 1:1、1:n 和 m:n 的联系。

第3章 创建新闻发布系统的数据库和表

学习目标

数据库对象包括表、视图、索引、存储过程和触发器等。应用 MySQL 进行数据管理之前，首先必须创建好数据库。本章将要学习数据库创建、修改及管理数据表中的数据。本章的学习目标包括：

- 掌握数据库的创建方法。
- 掌握数据表的创建方法。
- 掌握数据的管理：增、删、查、改。

学习导航

企业网站的一个最基本的功能就是能够全面、详细地介绍企业及企业产品。事实上，企业可以把任何想让人们知道的东西放入网站，如公司简介、公司业绩、产品的外观、功能及其使用方法等。本章围绕企业新闻发布网站的数据库及其数据表的构建过程，阐述相关的知识点。

本章的知识结构图如图 3-1 所示。

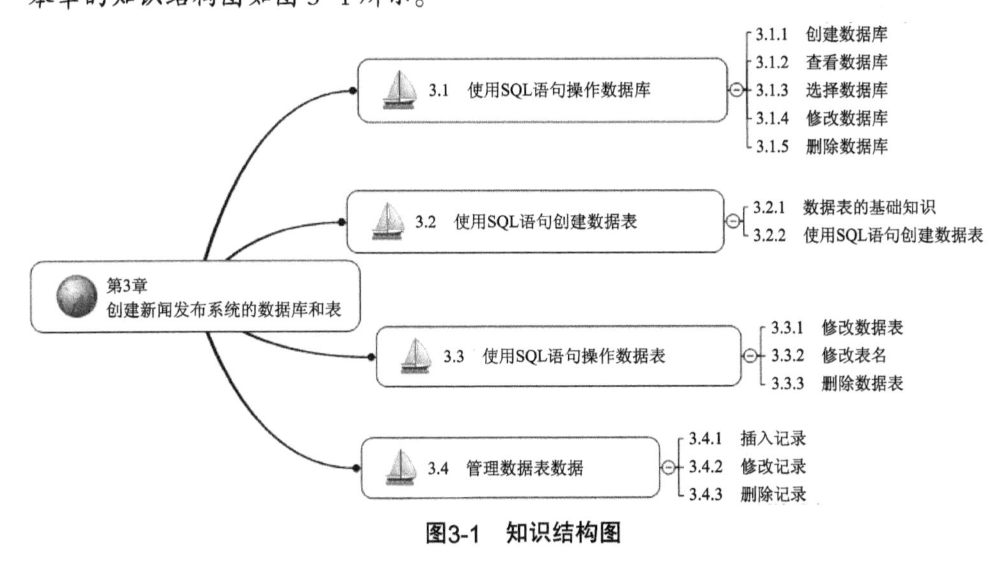

图3-1 知识结构图

3.1 使用SQL语句操作数据库

数据库是用于存放数据和数据库对象的容器。数据库对象包括表、索引、存储过程、视图、触发器、用户、角色、类型、函数等。每个数据库都有唯一的名称，并且数据库的名字都是有实际意义的，这样就可以清晰地看出每个数据库中存放的是什么数据。

3.1.1 创建数据库

在 MySQL 中，创建数据库是通过 SQL 语句 CREATE DATABASE 实现的。其语法形式如下：

```
CREATE DATABASE db_name CHARACTER SET  character_name;
```

其中

- db_name：表示所要创建的数据库的名称。在MySQL的数据存储区将以目录方式表示MySQL数据库。因此，命令中的数据库名字必须符合操作系统文件夹命名规则。值得注意的是，在MySQL中是不区分英文大小写的。
- character_name：表示数据库的字符集。设置字符集的目的是为了避免在数据库中存储的数据出现乱码的情况。如果要在数据库中存放中文，最好使用gbk。

【示例 3.1】创建一个名为 cms 的数据库，并设置其字符集为 gbk。

```
CREATE DATABASE cms CHARACTER SET gbk;
```

命令执行结果如图 3-2 所示。

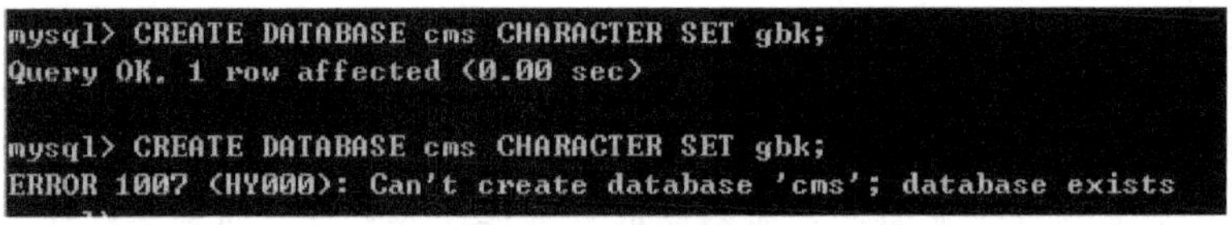

```
mysql> CREATE DATABASE cms CHARACTER SET gbk;
Query OK, 1 row affected (0.00 sec)

mysql> CREATE DATABASE cms CHARACTER SET gbk;
ERROR 1007 (HY000): Can't create database 'cms'; database exists
```

图3-2 创建数据库

注 意

MySQL不允许两个数据库使用相同的名字。每条SQL语句都以“;”作为结束标志。

3.1.2 查看数据库

成功创建数据库后，可以使用 SHOW 命令查看 MySQL 服务器中的所有数据库信息。语法如下：

```
SHOW DATABASES;
```

下面使用 SHOW DATABASES 语句查看 MySQL 服务器中的所有数据库名称，如图 3-3 所示。

【示例 3.2】SHOW 命令查看 MySQL 服务器中的所有数据库。

从图 3-3 运行的结果可以看出，通过 SHOW 命令查看 MySQL 服务器中的所有数据库，结果显示 MySQL 服务器中有 5 个数据库。

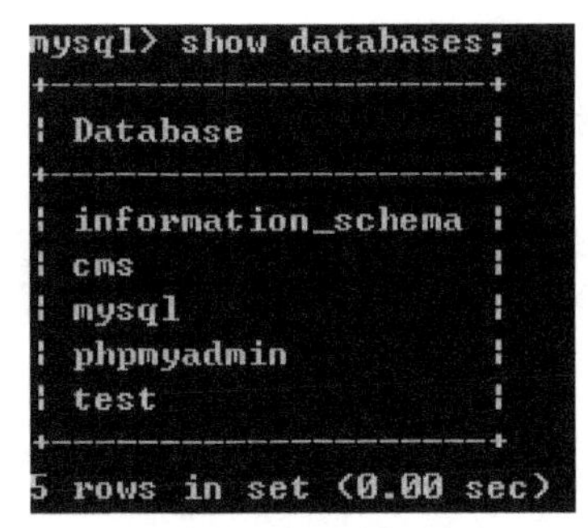

图3-3　查看数据库

3.1.3　选择数据库

虽然成功创建了数据库，但并不表示当前就在操作数据库 cms。可以使用 USE 语句选择一个数据库。语法如下：

```
USE db_name;
```

说明：这个语句也可以用来从一个数据库“跳转”到另一个数据库。在用 CREATE DATABASE 语句创建了数据库之后，该数据库不会自动成为当前数据库，需要用 USE 语句来指定。

例如，选择名称为 cms 的数据库，设置其为当前默认的数据库，如图 3-4 所示。

图3-4　选择数据库

3.1.4　修改数据库

数据库创建后，如果需要修改数据库的参数，可以使用 ALTER DATABASE 命令。语法如下：

```
ALTER DATABASE db_name CHARACTER SET character_name;
```

这里的 db_name 是要修改的数据库名；character_name 是修改的字符集的名称。字符集的名称与新建数据库时的字符集相同。

【示例 3.3】将数据库 cms 所用的字符集修改成 gb2312。

具体修改语句如下：

```
ALTER DATABASE cms CHARACTER SET gb2312;
```

执行结果如图 3-5 所示。

```
mysql> ALTER DATABASE cms CHARACTER SET gb2312;
Query OK, 1 row affected (0.00 sec)
```

图3-5　修改数据库

3.1.5　删除数据库

删除数据库的操作可以使用 DROP DATABASE 语句，语法如下：

```
DROP DATABASE db_name;
```

其中，db_name 是要删除的数据库名。删除数据的操作应该谨慎使用，因为一旦执行该操作，数据库的所有结构和数据都会被删除，没有恢复的可能，除非数据库有备份。

例如，通过 DROP DATABASE 语句删除名称为 cms 的数据库，如图 3-6 所示。

```
mysql> DROP DATABASE cms;
Query OK, 0 rows affected (0.00 sec)
```

图3-6　删除数据库

3.2　使用SQL语句创建数据表

表（Table）是数据库最重要的对象，可以说没有表也就没有数据库。表是用来实际存储和操作数据的逻辑结构，对数据库的各种操作实际上就是对数据库中表的操作。

3.2.1　数据表的基础知识

1. 表的定义

表是包含数据库中所有数据的数据库对象。在表中，数据呈二维行列格式，每一行代表一个唯一的记录，每一列代表一个域。如表 3-1 所示的是一张用户信息表，该表每一横向数据代表的是每一位用户信息，称为行（row）；而该表每一纵向数据代表用户信息的详细资料，称为列（column），每一列都有一个列名。

表3-1　用户信息表

编号	真实姓名	密码	邮箱	级别	部门编号	状态
u1001	张小明	654321	xiaoming@163.com	超级管理员	d1001	1
u1002	李华	345678	lihua@163.com	普通管理员	d1001	1
u1003	李小红	234567	xiaohong@163.com	普通管理员	d1001	1
u1004	张天浩	453124	tianhao@126.com	普通用户	d3001	1
u1005	李洁	467894	lijie@163.com	普通用户	d5001	0

2. 列名

列名是用来访问表中具体域的标识符。列名必须遵循下列规则：

（1）列名是可以含有 1 ～ 128 的 ASCII 码字符，它的组成包括字母、下画线、符号及数字。

（2）不要给列名命名为与 SQL 关键字相同的名字，如 SELECT、IN、DESC 等。

（3）列名应该反映数据的属性。

3. 数据类型

数据类型决定常量或变量的值代表何种形式的数据。每定义一个列时，都要指定数据类型，以此限制列中可以输入的数据类型和长度，从而保证基本数据的完整性。选择每列的正确数据类型对有效数据存储性能和应用程序支持都很重要。

1）数值类型

数值类型是用来存放数字类型的数据，包括整数、小数和浮点数。在实际应用中，不同的数据使用不同的数值类型。例如，当要在数据库中存放年龄信息时，使用整型；当精度比较高的东西，如金额可以用浮点类型；当用于处理取值范围非常大且对精确度要求不是十分高的数值量，可以使用小数类型。

（1）整数数据类型。整数数据类型包括 bigint、int、mediumint、smallint 和 tinyint，从标志符的含义可以看出，它们表示数的范围逐渐缩小，如表 3-2 所示。

表3-2　整数类型

数据类型	取值范围	说明
bigint	-2^{63}~2^{63}-1	占用8个字节
int	-2^{31}~2^{31}-1	占用4个字节
mediumint	-2^{23}~2^{23}-1	占用2个字节
smallint	-2^{15}~2^{15}-1	占用2个字节
tinyint	-2^{7}~2^{7}-1	占用1个字节

（2）小数数据类型。小数数据类型由整数部分和小数部分构成，其所有的数字都是有效位，能够以完整的精度存储十进制数。小数数据类型包括 decimal 和 numeric 两类。从功能上说两者完全等价，唯一区别在于 decimal 不能用于带有 indentity 关键字的列。

声明小数型数据的格式是 numeric| decimal(p[,s]), 其中 p 为精度，s 为小数位数，s 的默认值为 0。例如，指定某列为小数数据类型，精度为 6，小数位数为 3，即 decimal(5,3)，那么若向某记录的该列赋值 12345.123423 时，该列实际存储的是 12345.12342 。

（3）浮点数据类型。浮点型也称近似类型。这种类型不能提供精确表示数据的精度，使用这种类型来存储某些数值时，有可能会损失一些精度，所以它可用于处理取值范围非常大且对精度要求不是十分高的数值量，如一些统计量，如表 3-3 所示。

表3-3　浮点类型

数据类型	取值范围	说明
float	占用4个字节长度	存储要求是8个字节，数据精确度为7位小数
double	占用8个字节长度	存储要求是8个字节，数据精确度为15位小数

2）字符串类型

字符串类型也是数据表中数据存储的重要类型之一。字符串类型主要是用来存储字符串或文本信息的。在 MySQL 数据库中，常用的字符串类型主要包括 char、varchar、binary、varbinary 等，如表 3-4 所示。

表3-4　字符串类型

数据类型	取值范围	说明
char	0~255个字符	定长的数据。存储形式是char(n)，n代表存储的最大字符数
varchar	0~65 535个字符	变长的数据。存储形式是varchar(n)，n代表存储的最大字符数
binary	0~255字节	定长的数据。存储的是二进制数据，形式是binary(n)，n代表存储的最大字节数
varbinary	0~65 535字节	变长的数据。存储的是二进制数据，形式是varbinary(n)，n代表存储的最大字节数

3）日期时间类型

在数据库中经常会存放一些日期时间的数据，例如，在数据表中记录添加数据的时间。对于日期和时间类型的数据也可以用字符串类型存放，但是为了使数据标准化，在数据库中提供了专门存储日期和时间的数据类型。在 MySQL 中，日期时间类型包括 datetime、time、timestamp、date 等，具体范围如表 3-5 所示。

表3-5 日期时间类型

数据类型	取值范围	说明
year	1901~2155	存储格式是YYYY
datetime	1000-01-01 00:00:00~9999-12-31 23:59:59	存储格式是YYYY-MM-DD HH:MM:SS
date	1000-01-01~9999-12-31	存储格式是YYYY-MM-DD
time	-838:59:59~838:59:59	存储格式是HH:MM:SS
timestamp	显示的固定宽度是19个字符	主要用来记录update或insert操作时的时间

4）enum 类型和 set 类型

所谓枚举类型 enum，就是指定数据只能取指定范围内的值。enum 类型最多可以有 65 535 个成员，而 set 类型最多只能包含 64 个成员。两者的取值只能在成员列表中选取。enum 类型只能从成员中选择一个，而 set 类型可以选择多个。

因此，对于多个值选取一个的，可以选择 enum 类型。例如，“性别”字段就可以定义成 enum 类型，因为只能在“男”和“女”中选其中一个。对于可以选取多个值的字段，可以选择 set 类型，例如，“爱好”字段就可以选择 set 类型，因为可能有多种爱好。

5）text 类型和 blob 类型

text 类型和 blob 类型很类似。text 类型只能存储字符数据，而 blob 类型可以用于存储二进制数据。如果要存储文章等纯文本的数据，应该选择 text 类型。如果需要存储图片等二进制的数据，应该选择 blob 类型。

text 类型包括 tinytext、text、mediumtext 和 longtext。这四者最大的不同是内容的长度不同。tinytext 类型允许的长度最小，longtext 类型允许的长度最大。blob 类型也是如此。

4．长度

给列定义的大小部分指的是该列能接受多少个字符，比如 char 允许用户只输入一个字符，而另一些则不允许这些做，所以建议使列值尽可能小，显示列越小，表所占的空间也就越少。但是还有一个问题就是，如果减少列的大小，MySQL 将会截断数据以满足新的大小尺寸，所以很可能丢失有价值的信息数据。

3.2.2 使用SQL语句创建数据表

在创建完数据库之后，接下来的工作就是创建数据表。所谓创建数据表，指的是在已经创建好的数据库中建立新表。

创建数据表使用的是 CREATE TABLE 语句。具体的语法规则如下：

```
CREATE TABLE tb_name
(
```

```
column_name1 datatype  [ 列级别约束条件 ],
column_name2 datatype  [ 列级别约束条件 ],
…
[ 表级别约束条件 ]
);
```

这里，tb_name 是创建的数据表名；column_name 是表中的列名；datatype 是表中列的数据类型。

【示例 3.4】设已经创建了数据库 cms，在该数据库中创建用户信息表，结构如表 3-6 所示。

表3-6 tb_user表结构

字段名称	数据类型	备注
uid	char(10)	用户编号
username	nvarchar(20)	用户姓名
password	nvarchar(10)	用户密码
email	nvarchar(50)	用户邮箱
lever	nvarchar(20)	用户级别
deptcode	nvarchar(20)	所在部门编号
state	char(1)	用户状态

执行语句如下：

```
USE cms;
CREATE TABLE tb_user
(
uid char(10) not null PRIMARY KEY,
username nvarchar(20) not null,
password nvarchar(10) not null,
email nvarchar(50) not null,
lever nvarchar(20) not null,
deptcode nvarchar(20) not null,
state char(1) not null DEFAULT 1
);
```

通过上面的语句，即可在 cms 数据库中创建一个名为 tb_user 的数据表。使用“desc 表名”命令就可以在 MySQL 数据库中查看到表的结构，如图 3-7 所示。

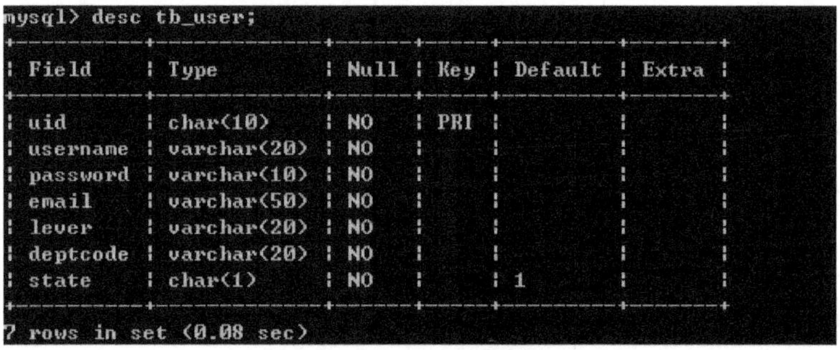

```
mysql> desc tb_user;
+----------+-------------+------+-----+---------+-------+
| Field    | Type        | Null | Key | Default | Extra |
+----------+-------------+------+-----+---------+-------+
| uid      | char(10)    | NO   | PRI |         |       |
| username | varchar(20) | NO   |     |         |       |
| password | varchar(10) | NO   |     |         |       |
| email    | varchar(50) | NO   |     |         |       |
| lever    | varchar(20) | NO   |     |         |       |
| deptcode | varchar(20) | NO   |     |         |       |
| state    | char(1)     | NO   |     | 1       |       |
+----------+-------------+------+-----+---------+-------+
7 rows in set (0.08 sec)
```

图3-7 tb_user表结构

3.3 使用SQL语句操作数据表

3.3.1 修改数据表

修改表指的是修改数据库中已经存在的数据表的结构。MySQL 使用 ALTER TABLE 语句修改表。例如，可以增加或删减列，修改字段名，修改字段的数据类型和修改表名等。

```
ALTER TABLE tb_name
ADD [COLUMN] create_definition [FIRST|AFTER col_name]     //添加新字段
  |   ADD INDEX [index_name] (index_col_name,…)           //添加索引名称
  |   ADD PRIMARY KEY (index_col_name,…)                  //添加主键名称
  |   ADD UNIQUE [index_name] (index_col_name,…)          //添加唯一索引
  |   ALTER [COLUMN] col_name {SET DEFAULT literal|DROP DEFAULT} //修改默认值
  |   CHANGE [COLUMN] old_col_name create_definition      //修改字段名和类型
  |   MODIFY [COLUMN] create_definition                   //修改字段类型
  |   DROP [COLUMN] col_name                              //删除字段名称
  |   DROP PRIMARY KEY                                    //删除主键名称
  |   DROP INDEX index_name                               //删除索引名称
  |   RENAME [AS] new_tb_name                             //修改表名
  |   table_options
```

其中

- tb_name指的是表名。
- col_name指的是列名。
- create_definition是指定义列的数据类型和属性。

【示例 3.5】假设已经在数据库 cms 中创建了表 tb_user。要把字段 lever 的数据类型改为 INT 类型。

```
USE cms;
ALTER TABLE tb_user
MODIFY lever INT not null;
```

ALTER TABLE 语句允许指定多个动作，其动作间使用逗号分隔，每个动作表示对表的一个修改。

【示例 3.6】假设已经在数据库 cms 中创建了表 tb_user。添加一个新的字段 address，类型为 varchar(100)，不允许为空，将字段 state 列删除。

```
USE cms;
ALTER TABLE tb_user
ADD address varchar(100) not null,
DROP COLUMN state;
```

3.3.2 修改表名

表名可以在一个数据库中唯一地确定一张表。数据库系统通过表名来区分不同的表。除了上面的 ALTER TABLE 命令，还可以直接用 RENAME TABLE 语句来更改表的名字。其语法形式如下：

```
RENAME TABLE tb_name TO new_tb_name;
```

其中，tb_name 是修改之前的表名；new_tb_name 是修改之后的表名。该语句可以同时对多个数据表进行重命名，多个表之间以逗号“,”分隔。

【示例 3.7】假设数据库 cms 中已经存在 tb_user 表，将 tb_user 表重命名为 tb_user2 表。

```
USE cms;
RENAME TABLE tb_user TO tb_user2 ;
```

3.3.3 删除数据表

删除表是指删除数据库中已存在的表。删除表时，会删除表中的所有数据。因此，在删除表时要特别注意。在 MySQL 中通过 DROP TABLE 语句来删除表。语法如下：

```
DROP TABLE tb_name;
```

这个命令将表的描述、表的完整性约束、索引及和表相关的权限等全部删除。

【示例 3.8】删除数据表 tb_user。

```
USE cms;
DROP TABLE tb_user;
```

因为不同的数据库中可以有相同的表名存在，所以在删除数据表之前要先选择数据库。

3.4 管理数据表数据

在使用数据库之前，数据库中必须要有数据。数据库通过插入、更新、删除等方式来改变表中的记录。使用 INSERT（插入）语句可以实现向表中插入新的记录。使用 UPDATE（更新）语句可以实现改变表中已经存在的数据。使用 DELETE（删除）语句来实现删除表中不再使用的数据。

3.4.1 插入记录

在实际应用中，注册用户名、添加新闻等操作都是对数据表中的数据进行添加操作。在 MySQL 中使用 INSERT 语句向数据表中插入新的数据记录。

1. 为表的所有字段插入数据

使用基本的 INSERT 语句插入数据，要求指定表名称和插入到新记录中的值。基本语法格式为：

```
INSERT INTO tb_name(col_list) VALUES (val_list);
```

或

```
INSERT INTO tb_name VALUES (val_list);
```

其中，tb_name 是要插入数据的表名，col_list 是要插入数据的字段的列表。如果想向表中所有的字段插入值就可以省略列名，省略列名后插入数据时就要按表中列的顺序插入值。val_list 是要插入指定列的值列表。列的个数一定要与插入值的个数一致，并且数据类型也要兼容。

【示例 3.9】向 cms 数据库的表 tb_user 插入如下的数据。

uid	username	password	email	lever	deptcode	state
u1008	徐浩	654321	xuhao@163.com	普通用户	d1001	1

INSERT 语句的代码如下：

```
INSERT INTO tb_user(uid, username, password, email, lever, deptcode, state)
VALUES ('u1008', '徐浩', '654321', 'xuhao@163.com', '普通用户', 'd1001', '1');
```

如果要向表中所有字段插入数据，可以省略字段列，可以写成：

```
INSERT INTO tb_user
VALUES ('u1008', '徐浩', '654321', 'xuhao@163.com', '普通用户', 'd1001', '1');
```

2. 为表的指定字段插入数据

INSERT 语句只需指定部分字段，就可以为表中的部分字段插入数据了。基本语法格式如下：

```
INSERT INTO tb_name(col_name,col_name2...col_namen)
VALUES (value1,value2.. valuen) ;
```

其中，col_namen 参数表示表中的字段名称，此处必须列出表的所有字段名称；valuen 参数表示每个字段的值，每个值与相应的字段对应。

【示例 3.10】向 cms 数据库的表 tb_user 插入如下的数据。

编号	真实姓名	密码	邮箱
u1009	黄小明	654321	xiaoming@163.com

INSERT 语句的代码如下：

```
INSERT INTO tb_user(uid, username, password, email)
VALUES ('u1009', '黄小明', '654321', 'xiaoming@163.com');
```

3. 同时插入多条记录

INSERT 语句可以同时向数据表中插入多条记录，插入时指定多个值列表，每个值列表之间用逗号分隔开。基本语法格式如下：

```
INSERT INTO tb_name(col_list)
VALUES (val_list1),( val_list2),…(val_listn);
```

其中，val_list1,val_list2,…val_listn 分别表示第 *n* 个插入记录的字段的值列表。

【示例 3.11】向 cms 数据库的表 tb_user 插入如下的数据。

编号	真实姓名	密码	邮箱	级别	部门编号	状态
u1010	张家强	654321	xuhao@163.com	普通用户	d1001	1
u1011	黄小天	654321	xiaotian@126.com	普通用户	d3001	1
u1012	郭萌萌	654321	mengm@126.com	普通用户	d1001	1

INSERT 语句的代码如下：

```
INSERT INTO tb_user
VALUES ('u1010', '张家强', '654321', 'xuhao@163.com', '普通用户', 'd1001',
'1'),
```

```
('u1011', '黄小天', '654321', 'xiaotian@126.com', '普通用户', 'd3001',
'1'),
('u1012', '郭萌萌', '654321', 'mengm@126.com', '普通用户', 'd1001', '1');
```

3.4.2 修改记录

修改数据是更新表中已经存在的记录。例如用户要修改自己的密码或更新新闻点击率，这都需要对数据表中的数据进行修改。在 MySQL 中，通过 UPDATE 语句来修改数据。UPDATE 语句的基本语法形式如下：

```
UPDATE tb_name
SET col_name=value, col_name1=value1,…col_namen=valuen
[WHERE where_definition];
```

其中，SET 是对指定的字段进行修改。WHERE 条件语句是可选的，代表修改数据时的条件。如果不选择该语句，代表的是修改表中的全部数据。

1. 修改表中的全部数据

修改表中的全部数据是一种不太常用的操作。例如，当需要将全部用户的年龄加 1 时，就需要修改用户信息表的年龄字段了。

【示例 3.12】将 cms 数据库的部门表 tb_dept 中所有的部门设置为“显示”状态。

```
UPDATE tb_dept
SET deptflag='显示';
```

满足条件表达式的记录可能不止一条，使用 UPDATE 语句会更新所有满足条件的记录。

2. 根据条件修改表中的数据

修改表中的全部数据是一种比较常用的操作。根据条件修改表中的数据，是使用 UPDATE…SET…WHERE…语句来完成的。

【示例 3.13】修改 cms 数据库的新闻表 tb_news 中 nid 值为 n111 和 n112 的记录。将点击数 hits 字段的值增加 1。将录入者 inputer 字段设置为“u1002”。

```
UPDATE tb_new
SET hits=hits+1, inputer='u1002'
WHERE nid= 'n111' and nid='n112'
```

使用 UPDATE 语句修改数据时，可能会有多条记录满足 WHERE 条件。要保证 WHERE 子句的正确性，否则将会破坏所有改变的数据。

3.4.3 删除记录

删除数据表中不再使用的数据也是数据表必不可少的操作之一。例如，学生表中某个学生退学，要去掉订单中的商品或取消订单的操作都是对数据表中的数据进行删除操作。MySQL 中，通过 DELETE 语句来删除数据。具体的语法格式如下：

```
DELETE FROM tb_name [WHERE <condition>];
```

tb_name 指定要执行删除操作的表。[WHERE <condition>] 为可选参数，指定删除条件。如果没有 WHERE 子句，DELETE 语句将删除表中的所有记录。

1．删除表中的全部数据

删除表中的全部数据是很简单的操作，但也是一个危险的操作。一旦删除了所有记录，就无法恢复了。因此，在删除操作之前一定要对现有的数据进行备份，以避免不必要的麻烦。

【示例 3.14】将 cms 数据库的 tb_news 表中的数据全部删除。

删除语句如下所示：

```
DELETE FROM tb_news;
```

执行结果如图 3-8 所示。从图中可以看出，执行删除语句后，再查询 tb_news 表得到的结果是 Empty set（无数据）。

```
mysql> DELETE FROM tb_news;
Query OK, 5 rows affected (0.00 sec)

mysql> SELECT * FROM tb_news;
Empty set (0.00 sec)
```

图3-8　删除表中的全部数据

使用 TRUNCATE TABLE 语句将删除指定表中的所有数据，因此也称其为清除表数据语句。与 DELETE FROM 语句不同的是，使用 TRUNCATE TABLE 方式删除数据，不会返回删除数据行数，且 TRUNCATE TABLE 比 DELETE 速度快，使用的系统和事务日志资源少。语法格式如下：

```
TRUNCATE TABLE tb_name;
```

由于 TRUNCATE TABLE 语句将删除表中的所有数据，且无法恢复，因此使用时必须十分小心。对于参与了索引和视图的表，不能使用 TRUNCATE TABLE 语句删除数据，而应使用 DELETE 语句。

2．根据条件删除表中的数据

大多数对数据表的删除操作都是有条件的删除操作，例如，新闻发布系统里删除过期的新闻或者删除一段时间没有使用过的账号等操作。根据条件删除数据表中的数据使用的是 DELETE FROM…WHERE 语句。

【示例 3.15】将 cms 数据库的 tb_news 表中点击数 hits 为 100~300 的新闻删除。

```
USE cms;
DELETE FROM tb_news
WHERE hits>=100 and hits<=300;
```

执行结果如图 3-9 所示。

```
mysql> USE cms;
Database changed
mysql> DELETE FROM tb_news where hits>=100 and hits<=300;
Query OK, 4 rows affected (0.02 sec)
```

图3-9　根据条件删除数据

从图 3-9 中可以看，有 4 条符合条件的记录被删除。

实训3

【实训目的】

1. 掌握创建数据库的方法。
2. 掌握数据表创建、修改和删除的方法。
3. 掌握对数据的增加、修改和删除方法。

【实训准备】

1. 了解创建数据库的用户必须是系统管理员，或是有创建数据库权限的用户。
2. 了解数据库包含哪些表，以及表的结构。
3. 了解 MySQL 的常用数据类型。

【实训步骤】

1．增加记录

（1）向新闻类别表 tb_newstype 中添加一条记录。

tid	typename	flag	newstotal
t7007	最新动态	显示	80

```
USE cms;
INSERT INTO tb_newstype(tid,typename,flag,newstotal)
VALUES('t7007', '最新动态',    '显示',80);
```

（2）向新闻类别表 tb_newstype 中添加多条记录。

tid	typename	flag	newstotal
t8008	人事组织	隐藏	30
t9009	产品展示	显示	120
t1010	活动视频	隐藏	80

```
USE cms;
INSERT INTO tb_newstype(tid,typename,flag,newstotal)
VALUES('t8008', '人事组织',    '隐藏',30), ('t9009', '产品展示', '显示',120),
('t1010', '活动视频', '隐藏',80);
```

2．修改记录

（1）修改一条记录。在新闻类别表 tb_newstype 中修改编号为“t1001”的记录，把类别名称修改为“企业资讯”。

```
USE cms;
UPDATE tb_newstype SET typename='企业资讯'
WHERE tid= 't1001';
```

（2）修改多条记录。在新闻类别表 tb_newstype 中，把标志 flag“隐藏”修改为“显示”。

```
USE cms;
UPDATE tb_newstype SET flag='显示'
WHERE flag='隐藏';
```

3. 删除记录

（1）删除一条记录。在新闻类别表 tb_newstype 中删除编号 tid 为“t5005”的记录。

```
USE cms;
DELETE FROM tb_newstype
WHERE tid= 't5005';
```

（2）删除多条记录。在新闻类别表 tb_newstype 中删除新闻总共为 80 的记录。

```
USE cms;
DELETE FROM tb_newstype
WHERE newstotal=80;
```

4. 删除表和数据库

（1）删除新闻类别表 tb_newstype。

```
DROP TABLE tb_newstype;
```

（2）删除数据库 cms。

```
DROP DATABASE cms;
```

课后习题3

一、填空题

1. 若表中的一个字段定义类型为 char，长度为 20，当在此字段中输入字符串“计算机网络”时，此字段将占用 _______ 个字节。

2.decimal(10,5) 表示数值中共有 _______ 位整数，_______ 位小数。

3. 在 UDPATE 语句中，使用 FROM 子句的作用是 _______。

4. 删除表中所有记录，可以使用 _______ 语句和 _______ 语句。

二、选择题

1. 创建数据库命令的语法格式是（　）。

A．CREATE DATABASE tb_name;　　B．SHOW DATABASES;

C．USE DATABASE;　　D．DROP DATABASE tb_name;

2. 设电话号码位数不超过 15 位，采用（　）格式的数据类型存储最合适。

A．char(15)　　B．varchar(15)

C．int　　D．decimal(15,0)

3. 删除数据库使用的 SQL 语句是（ ）。

A. CREATE DATABASE
B. ALTER DATABASE
C. DROP DATABASE
D. DELETE DATABASE

4. 下列 SQL 语句中，修改表结构的是（ ）。

A. ALTER TABLE
B. CREATE TABLE
C. UPDATE TABLE
D. INSERT TABLE

5. 对于下面的 SQL 语句，其作用是（ ）。

```
UPDATE book SET price=price*1.05
WHERE publicername=' 人大出版社 '
AND price < (SELECT AVG(price) FROM book);
```

A. 为书价低于人大出版社且书价低于所有图书平均价格的书加价 5%
B. 为书价低于所有图书平均价格的书加价 5%
C. 为人大出版社出版的且书价低于所有图书平均价格的书加价 5%
D. 为人大出版社出版的且书价低于出版社图书平均价格的书加价 5%

三、思考题

1. 常用的数据库对象有哪些？
2. 对表的数据操作有哪几种？
3.DELETE 语句、DROP 语句与 TRUNCATE 语句的区别是什么？

第4章

MySQL运算符与函数

学习目标

通过 MySQL 运算符进行运算，就可以获取表结构以外的另一种数据。本章将会学习 MySQL 各种运算符的使用方法、运算符的优先级，以及各种函数的使用方法。本章的学习目标包括：

- 了解常见运算符的概念和区别。
- 了解运算符的优先级。
- 掌握各种内置函数的功能和作用。
- 掌握内置函数在查询语法中的使用。

学习导航

运算符是用来连接表达式中各个操作数据的符号，其作用是用来指明对操作数据所进行的运算。MySQL 数据库支持运算符的使用，通过运算符可以更加灵活地操作数据表中的数据。函数就像预定的公式一样存放在数据库中，每个用户都可以调用已经存在的函数来完成某些功能。函数可以方便地实现业务逻辑的重用，对函数的正确使用可以在编写 MySQL 语句时起到事半功倍的效果。

本章的知识结构图如图 4-1 所示。

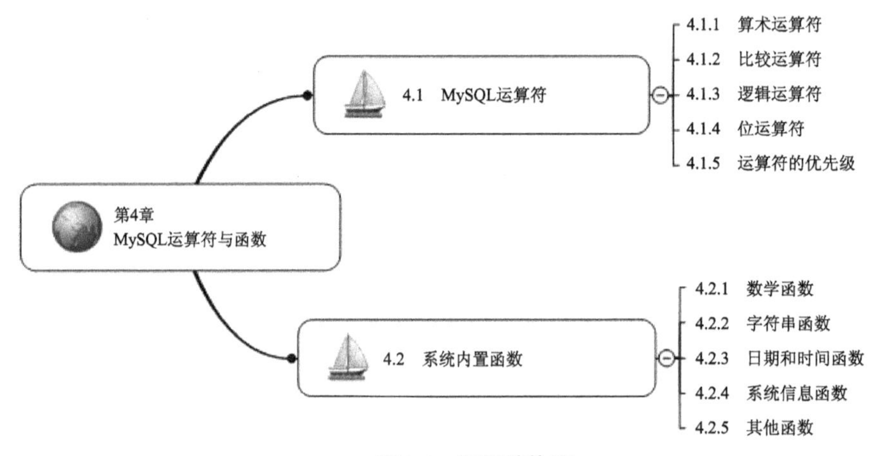

图4-1　知识结构图

4.1　MySQL运算符

运算符连接表达式中的各个操作数，其作用是用来指明对操作数所进行的运算。MySQL数据库支持使用运算符。通过运算符，可以使数据库的功能更加强大，而且可以更加灵活地使用表中的数据。MySQL 运算符包括 4 类，分别是算术运算符、比较运算符、逻辑运算符和位运算符。

4.1.1　算术运算符

算术运算符是 SQL 中最常用的运算符，主要是针对数值运算使用的。算术运算符主要包括加、减、乘、除、取余 5 种，具体描述如表 4-1 所示。

表4-1　算术运算符

符号	表达式的形式	作用
+	x1+x2+…+xn	加法运算
-	x1 - x2 - … - xn	减法运算
*	x1*x2*…*xn	乘法运算
/	x1/x2	除法运算
%	x1 DIV x2	求余运算
DIV	x1%x2	除法运算，返回商。同“/”
MOD	MOD(x1,x2)	求余运算，返回余数。同“%”

【示例 4.1】使用算术运算符对新闻表 tb_news 中的点击数 hits 字段值进行加、减、乘、除运算。

```
USE cms;
SELECT hits, hits+hits, hits-hits, hits*hits, hits/hits
FROM tb_news;
```

运行结果如图 4-2 所示。

```
+------+-----------+-----------+-----------+-----------+
| hits | hits+hits | hits-hits | hits*hits | hits/hits |
+------+-----------+-----------+-----------+-----------+
|  100 |       200 |         0 |     10000 |    1.0000 |
|  200 |       400 |         0 |     40000 |    1.0000 |
|  300 |       600 |         0 |     90000 |    1.0000 |
|  500 |      1000 |         0 |    250000 |    1.0000 |
|  200 |       400 |         0 |     40000 |    1.0000 |
+------+-----------+-----------+-----------+-----------+
5 rows in set (0.00 sec)
```

图4-2　算术运算符

结果输出了 hits 字段的原值，以及执行算术运算符后得到的值。

4.1.2　比较运算符

比较运算符用于比较两个表达式的值，其运算结果为逻辑值，可以为 3 种之一：1（真）、0（假）及 NULL（不能确定）。SELECT 语句中的条件语句经常要使用比较运算符。通过这些比较运算符，可以判断表中的哪些记录是符合条件的。比较运算符的具体表述如表 4-2 所示。

表4-2　比较运算符

符号	表达式的形式	作用
=	x1=x2	判断x1是否等于x2
<>或!=	x1<>x2或x1!=x2	判断x1是否不等于x2
>=	x1>=x2	判断x1是否大于等于x2
<=	x1<=x2	判断x1是否小于等于x2
IS NULL	x1 IS NULL	判断x1是否等于NULL
BETWEEN AND	x1 BETWEEN m AND n	判断x1的取值是否在落在m和n之间
IN	x1 IN(值1,值2,…值n)	判断x1的取值是IN列表中的任意一个值
LIKE	x1 LIKE 表达式	判断x1是否与表达式匹配
REGEXP	x1 REGEXP 正则表达式	判断x1是否与正则表达式匹配

1．运算符“=”

“=”运算符可以用来判断数字、字符串和表达式等是否相等。如果相等，结果返回 1；如果不相等，结果返回 0。空值（NULL）不能使用“=”来判断。

【示例 4.2】运用“=”运算符在 tb_user 表中查询出 uid 等于 u1001 的用户，如图 4-3 所示。

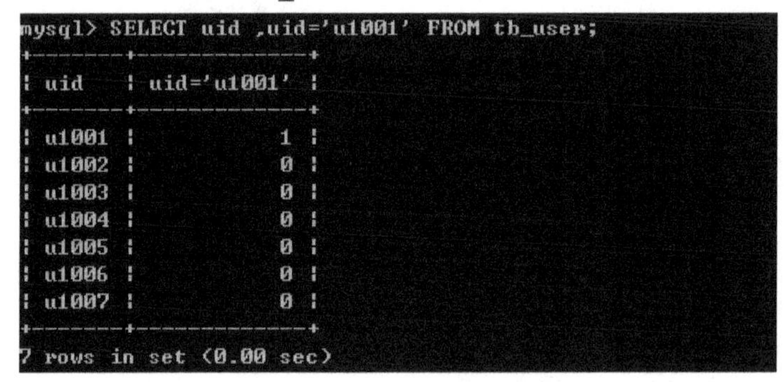

图4-3　使用“=”查询记录

2．运算符“<>”和“!=”

“<>”和“!=”运算符可以用来判断数字、字符串、表达式等是否不相等。如果不相等，结果返回 1；如果相等，结果返回 0。这两个符号也不能用来判断空值（NULL）。

【示例 4.3】运用“<>”和“!=”运算符判断 tb_newstype 表中 newstotal 字段值是否等于 1、80、100，如图 4-4 所示。

```
mysql> SELECT tid,newstotal<>1,newstotal!=80,newstotal!=100
    -> FROM tb_newstype
    -> WHERE tid='t1001';
+-------+--------------+---------------+----------------+
| tid   | newstotal<>1 | newstotal!=80 | newstotal!=100 |
+-------+--------------+---------------+----------------+
| t1001 |            1 |             1 |              1 |
+-------+--------------+---------------+----------------+
1 row in set (0.02 sec)
```

图4-4　使用“<>”和“!=”运算符

结果显示返回值都为 1，这表示记录中的 newstotal 字段值不等于 1、80、100。

3．运算符“>=”和“<=”

“>=”和“<=”运算符用来比较表达式的左边是大于等于还是小于等于它的右边。

【示例 4.4】使用“>=”判断 tb_news 表中 hits 字段的值是否大于等于 300，如图 4-5 所示。

```
mysql> SELECT nid,hits,hits>=300 FROM tb_news;
+------+------+-----------+
| nid  | hits | hits>=300 |
+------+------+-----------+
| n111 |  100 |         0 |
| n112 |  200 |         0 |
| n113 |  300 |         1 |
| n114 |  500 |         1 |
| n115 |  200 |         0 |
+------+------+-----------+
5 rows in set (0.00 sec)
```

图4-5　使用“>=”运算符

4．运算符“IS NULL”

“IS NULL”运算符用来判断一个值是否为 NULL，如果为 NULL，则返回 1，否则返回 0。IS NOT NULL 刚好与 IS NULL 相反。

【示例 4.5】使用“IS NULL”判断 tb_user 表中的 deptcode 字段值是否为空，如图 4-6 所示。

```
mysql> SELECT uid,deptcode,deptcode IS NULL
    -> FROM tb_user;
+-------+----------+------------------+
| uid   | deptcode | deptcode IS NULL |
+-------+----------+------------------+
| u1006 | NULL     |                1 |
| u1005 | d5001    |                0 |
| u1004 | d3001    |                0 |
| u1003 | NULL     |                1 |
| u1001 | NULL     |                1 |
| u1002 | d1001    |                0 |
| u1007 | d4013    |                0 |
+-------+----------+------------------+
7 rows in set (0.00 sec)
```

图4-6　使用“IS NULL”运算符

结果显示，deptcode 字段值为空的返回值为 1，不为空的返回值为 0。

5．运算符“BETWEEN AND”

“BETWEEN AND”运算符可以判断操作数是否落在某个取值范围内。在表达式“x1 BETWEEN m AND n”中，如果 x1 大于等于 m，而且小于等于 n，结果将返回 1；如果不是，结果将返回 0。

【示例 4.6】运用“BETWEEN AND”运算符判断 tb_news 表中 hits 字段的值是否在 50~200 之间，如图 4-7 所示。

```
mysql> SELECT nid,hits,hits BETWEEN 50 AND 200
    -> FROM tb_news;
+------+------+------------------------+
| nid  | hits | hits BETWEEN 50 AND 200 |
+------+------+------------------------+
| n111 |  100 |                      1 |
| n112 |  200 |                      1 |
| n113 |  300 |                      0 |
| n114 |  500 |                      0 |
| n115 |  200 |                      1 |
+------+------+------------------------+
5 rows in set (0.00 sec)
```

图4-7　使用“BETWEEN AND”运算符

6．运算符“IN”

“IN”运算符可以判断操作数是否落在某个集合中。在表达式“x1 IN(值 1, 值 2,…值 n)”中，如果 x1 等于值 1 到值 n 中的任何一个值，结果将返回 1；如果不是，结果将返回 0。

【示例 4.7】运用“IN”运算符判断 tb_user 表中的部门字段 deptcode 的值是否在指定的范围中，如图 4-8 所示。

```
mysql> SELECT uid,deptcode,deptcode in('d1001','d3001','d5008')
    -> FROM tb_user;
+-------+----------+--------------------------------------+
| uid   | deptcode | deptcode in('d1001','d3001','d5008') |
+-------+----------+--------------------------------------+
| u1006 | d5008    |                                    1 |
| u1005 | d5001    |                                    0 |
| u1003 | d1001    |                                    1 |
| u1004 | d3001    |                                    1 |
| u1002 | d1001    |                                    1 |
| u1001 | d1001    |                                    1 |
| u1007 | d4013    |                                    0 |
+-------+----------+--------------------------------------+
7 rows in set (0.00 sec)
```

图4-8　使用“IN”运算符

结果显示，在集合范围内则返回 1，否则返回 0。

7．运算符“LIKE”

“LIKE”运算符用来匹配字符串。在表达式“x1 LIKE 表达式”中，如果 x1 与表达式匹配，结果将返回 1；如果不匹配，结果将返回 0。

【示例 4.8】使用“LIKE”运算符判断 tb_user 表中的 uid 和 email 字段值是否与指定的字符串匹配，如图 4-9 所示。

```
mysql> SELECT uid,email,uid like 'u%', email like '%@%'
    -> FROM tb_user;
+-------+--------------------+---------------+------------------+
| uid   | email              | uid like 'u%' | email like '%@%' |
+-------+--------------------+---------------+------------------+
| u1001 | xiaoming@163.com   |             1 |                1 |
| u1002 | lihua@163.com      |             1 |                1 |
| u1005 | lijie@163.com      |             1 |                1 |
| t1009 | lulu#126.com       |             0 |                0 |
| t1021 | huhu#163.com       |             0 |                0 |
+-------+--------------------+---------------+------------------+
5 rows in set (0.00 sec)
```

图4-9　使用“LIKE”运算符

LIKE 关键字经常与通配符“_”和“%”一起使用。“_”代表单个字符，“%”代表任意长度的字符。只配置字符串开头或者末尾的几个字符，可以使用“%”来替代字符串中不需要匹配的字符。这样就不用关心那些字符的个数，因为“%”可以匹配任意长度的字符。

8．运算符“REGEXP”

“REGEXP”运算符用来匹配字符串，但其是使用正则表达式进行匹配的。在表示式“x1 REGEXP' 匹配方式 '”中，如果 x1 满足匹配式，结果将返回 1；如果不满足，结果将返回 0。

【示例 6.3】使用“REGEXP”运算符来匹配 tb_user 表中的 uid 字段的值是否以指定字符开头、结尾，同时是否包含指定的字符串，如图 4-10 所示。

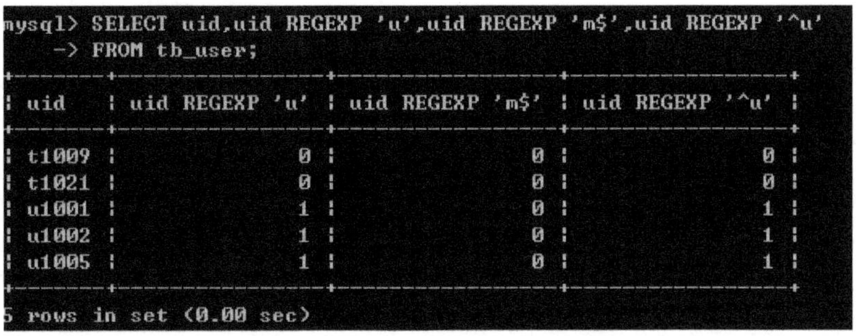

```
mysql> SELECT uid,uid REGEXP 'u',uid REGEXP 'm$',uid REGEXP '^u'
    -> FROM tb_user;
+-------+-----------------+------------------+------------------+
| uid   | uid REGEXP 'u'  | uid REGEXP 'm$'  | uid REGEXP '^u'  |
+-------+-----------------+------------------+------------------+
| t1009 |               0 |                0 |                0 |
| t1021 |               0 |                0 |                0 |
| u1001 |               1 |                0 |                1 |
| u1002 |               1 |                0 |                1 |
| u1005 |               1 |                0 |                1 |
+-------+-----------------+------------------+------------------+
5 rows in set (0.00 sec)
```

图4-10 使用“REGEXP”运算符

使用 REGEXP 关键字可以匹配字符串，其使用方法非常灵活。REGEXP 关键字经常与“^”、“$”和“．”一起使用。“^”用来匹配字符串的开始部分；“$”用来匹配字符串的末尾部分；“．”用来代表字符串中的一个字符。

4.1.3 逻辑运算符

逻辑运算符用来判断表达式的真假。逻辑运算符的返回结果只有 1 和 0。如果表达式是真，结果将返回 1；如果表达式是假，结果返回 0。逻辑运算符又称为布尔运算符。MySQL 中支持 4 种逻辑运算符，分别是与、或、非、异或，如表 4-3 所示。

表4-3 逻辑运算符

运算符	作用	举例
&& 或 AND	逻辑与。表示所有操作数均为非零值，并且不为NULL时，计算所得结果为1；当一个或多个操作数为0时，所得结果为0，其余情况返回值为NULL	SELECT 1 AND 0 结果为 0
|| 或 OR	逻辑或。操作数中存在任何一个操作数不为非0的数字时，结果返回1；如果操作数中不包含非0的数字，但包含NULL时，结果返回NULL；如果操作数中只有0时，结果返回0	SELECT 1 OR 2 结果为 1
! 或 NOT	逻辑非。表示操作数为0时，所得值为1；当操作数为非零值时，所得值为0；当操作数为NULL时，所得的返回值为NULL	SELECT NOT 10 结果为 0
XOR	逻辑异或。当任意一个操作数为NULL时，返回值为NULL；如果两个操作数都是非0值或都是0值，则返回结果为0；如果一个为0值，另一个非0值，返回结果为1	SELECT 1 XOR 1 结果为 0

4.1.4 位运算符

位运算符是在二进制数上进行计算的运算符。位运算会先将操作数变成二进制数，然后进行位运算，最后将计算结果从二进制数变回十进制数。在 MySQL 中共有 6 种位运算符，分别是按位与、按位或、按位取反、按位异或、按位左移和按位右移，如表 4-4 所示。

表4-4 位运算符

运算符	作用	举例
&	按位与。将操作数据转换为二进制数后，对应操作数的每个二进制进行与运算。1和1相与得1，和0相与得0。运算完成后再将二进制数转换为十进制数	SELECT 3&4 结果是 0
|	按位或。将操作数据转换为二进制数后，每位都进行或运算。1和任何数进行或运算的结果都是1，0和0进行或运算的结果为0。	SELECT 3|4 结果是 7
~	按位取反。将操作数转换为二进制数后，每位都进行取反运算。1取反后变成0，0取反后变成1	SELECT 5&~1 结果是 4
^	按位异或。将操作数转换为二进制数后，每位都进行异或运算。相同的数异或之后结果是0，不同的数异或之后结果为1	SELECT 1^0 结果是 1
<<	按位左移。"m<<n"表示m的二进制数向左移*n*位，右边补上*n*个0。例如，二进制数001左移1位后将变成0010	SELECT 1<<2 结果是 4
>>	按位右移。"m>>n"表示m的二进制数向右移*n*位，左边补上*n*个0。例如，二进制数011右移1位后变成001，最后一个1直接被移出	SELECT 16>>2 结果是 4

4.1.5 运算符的优先级

运算符的优先级决定了不同的运算符在表达式中计算的先后顺序。表 4-5 列出了 MySQL 中的各类运算符及其优先级。

表4-5 运算符的优先级

运算符	优先级	运算符	优先级
+（正）、-（负）、~（按位NOT）	1	NOT	6
*（乘）、/（除）、%（模）	2	AND	7
+（加）、-（减）	3	ALL、ANY、BETWEEN、IN、LIKE、OR、SOME	8
=，>，<，>=，<=，<>，!=，!>，!<比较运算符	4	=（赋值）	9
^（位异或）、&（位与）、|（位或）	5		

可以看到，不同运算符的优先级是不同的。一般情况下，级别高的运算符先进行计算，如果级别相同，MySQL 按表达式的顺序从左到右依次计算。当然，在无法确定优先级的情况下，可以使用圆括号 () 来改变优先级，这样会使计算过程更加清晰。

4.2 系统内置函数

MySQL 函数是 MySQL 数据库提供的内置函数，这些内置函数可以帮助用户更加方便地处理表中的数据。各类函数从功能方面主要分为以下几类：数学函数、字符串函数、日期和时间函数、条件判断函数、系统信息函数和加密函数等其他函数。

4.2.1 数学函数

数学函数用于执行一些比较复杂的数值操作。MySQL 支持很多的数学函数，包括绝对值函数、正弦函数、余弦函数、获取随机数函数等。如表 4-6 所示是各种数学函数及其作用。

表4-6 MySQL的数学函数

函数	作用
ABS(x)	返回x的绝对值
CEILING(x)	返回大于或等于x的最小整数
FLOOR(x)	返回小于或等于x的最大整数
GREATEST(x1,x2,…xn)	返回集合中最大的值
LEAST(x1,x2,…xn)	返回集合中最小的值
LN(x)	求x的自然对数
LOG(x,y)	求以y为底x的对数
MOD(x,y)	求x/y的模（余数）
PI()	求PI的值（圆周率）
RAND()	返回0到1内的随机值
RAND(x)	返回0到1内的随机值，x值相同时返回的随机数相同
ROUND(x)	求参数x的四舍五入的值
TRUNCATE(x,y)	求数字x截断尾y位小数的结果
SIGN(x)	返回x的符号，x是负数、0、正数分别返回-1、0和1
POW(x,y)或POWER(x,y)	求x的y次幂（xy）
EXP(x)	返回e的x次方（ex）
SQRT(x)	返回x的平方根
DEGREES(x)	将弧度x转换为角度
RADIANS(x)	将角度x转换为弧度
COS(x)	返回余弧值
COT(x)	返回余切值
SIN(x)	返回正弦值
TAN	返回正切值
ACOS(x)	返回x（弧度）的反余弧值
ASIN(x)	返回x（弧度）的反正弧值

下面对表 4-6 中的常用函数进行讲解。

1. ABS(x) 函数

ABS(x) 函数用于获得 x 的绝对值。例如：

```
SELECT ABS(-789),ABS(-5.643);
```

结果如图 4-11 所示。

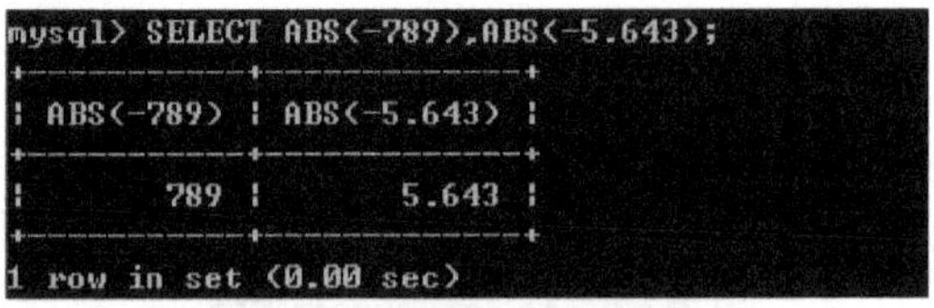

```
mysql> SELECT ABS(-789),ABS(-5.643);
+-----------+-------------+
| ABS(-789) | ABS(-5.643) |
+-----------+-------------+
|       789 |       5.643 |
+-----------+-------------+
1 row in set (0.00 sec)
```

图4-11　使用绝对值函数

2．FLOOR(x) 和 CEILING(x) 函数

FLOOR(x) 函数用于获得小于 x 的最大整数值，CEILING(x) 函数用于获得大于 x 的最小整数值。例如：

```
SELECT FLOOR(-2.3), CEILING(-2.3),FLOOR(9.9),CEILING(9.9);
```

结果如图 4-12 所示。

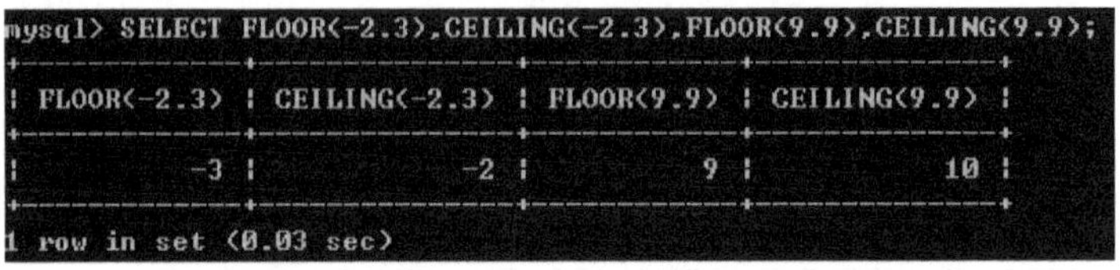

```
mysql> SELECT FLOOR(-2.3),CEILING(-2.3),FLOOR(9.9),CEILING(9.9);
+-------------+---------------+------------+--------------+
| FLOOR(-2.3) | CEILING(-2.3) | FLOOR(9.9) | CEILING(9.9) |
+-------------+---------------+------------+--------------+
|          -3 |            -2 |          9 |           10 |
+-------------+---------------+------------+--------------+
1 row in set (0.03 sec)
```

图4-12　使用FLOOR()和CEILING()函数

3．GREATEST() 和 LEAST() 函数

GREATEST() 和 LEAST() 函数是经常使用的函数，它们的功能是获得一组数中的最大值和最小值。例如：

```
SELECT GREATEST(13,27,178),LEAST(3,67,8);
```

结果如图 4-13 所示。

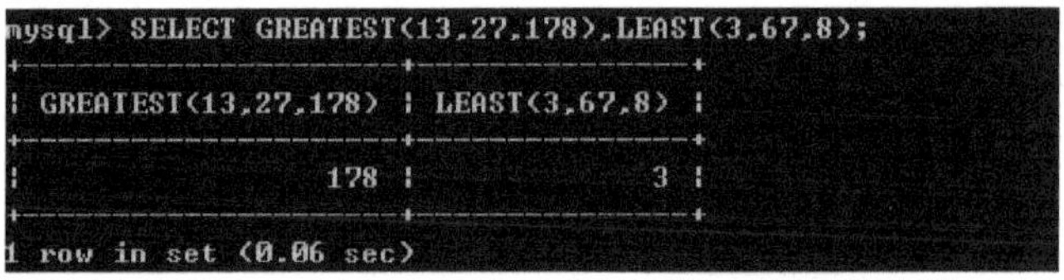

```
mysql> SELECT GREATEST(13,27,178),LEAST(3,67,8);
+---------------------+---------------+
| GREATEST(13,27,178) | LEAST(3,67,8) |
+---------------------+---------------+
|                 178 |             3 |
+---------------------+---------------+
1 row in set (0.06 sec)
```

图4-13　使用GREATEST()和LEAST()函数

4．ROUND(x) 和 TRUNCATE(x,y) 函数

ROUND(x) 函数用于获得 x 的四舍五入的整数值；TRUNCATE(x,y) 函数返回 x 保留到小数点后 y 位的值。例如：

```
SELECT ROUND(34.567), TRUNCATE(3.1415926,3);
```

结果如图 4-14 所示。

```
mysql> SELECT ROUND(34.567),TRUNCATE(3.1415926,3);
+---------------+-----------------------+
| ROUND(34.567) | TRUNCATE(3.1415926,3) |
+---------------+-----------------------+
|            35 |                 3.141 |
+---------------+-----------------------+
1 row in set (0.05 sec)
```

图4-14　使用ROUND(x)和TRUNCATE(x,y)函数

5．RAND() 和 RAND(x) 函数

RAND() 函数用于返回 0~1 的随机数。但是 RAND() 返回的数是完全随机的，而 RAND(x) 函数的 x 相同时返回的值是相同的。例如：

```
SELECT RAND(),RAND(2),RAND(2),RAND(3);
```

结果如图 4-15 所示。

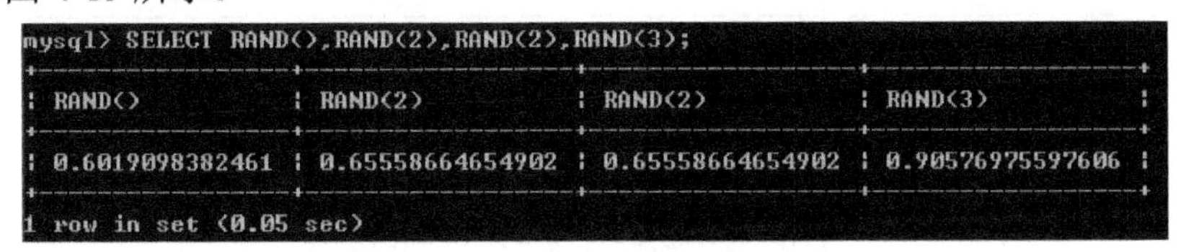

图4-15 使用RAND()和RAND(x)函数

6．SQRT(x) 和 MOD(x,y) 函数

SQRT(x) 函数用来求平方根；MOD(x,y) 函数用来求余数。例如：

```
SELECT SQRT(64), SQRT(2),MOD(10,3);
```

结果如图 4-16 所示。

```
mysql> SELECT SQRT(64),SQRT(2),MOD(10,3);
+----------+-----------------+-----------+
| SQRT(64) | SQRT(2)         | MOD(10,3) |
+----------+-----------------+-----------+
|        8 | 1.4142135623731 |         1 |
+----------+-----------------+-----------+
1 row in set (0.00 sec)
```

图4-16 使用SQRT(x)和MOD(x,y)函数

4.2.2 字符串函数

字符串函数是 MySQL 中最常用的一类函数，可以对字符串或字符进行操作，如计算字符串长度、连接字符串、在字符串插入子串和大小字母之间切换等函数。字符串函数可以返回字符类型数据或数值类型数据。如表 4-7 所示为各种字符串函数及其作用。

表4-7 MySQL的字符串函数

函数	作用
ASCII(char)	返回字符的ASCII码值
LENGTH(s)	返回字符串s的长度
CHAR_LENGTH(s)	返回字符串s的字符数
CONCAT(s1,s2…)	将s1,s2等多个字符串合并为一个字符串
CONCAT_WS(sep,s1,s2…)	将字符串s1,s2,…sn连接成字符串，并用sep字符间隔
INSERT(s1,x,len,s2)	将字符串s2替换s1的x位置开始长度为len的字符串
UPPER(s)	将字符串s中的所有字符转换为大写
LOWER(s)	将字符串s中的所有字符转换为小写
LEFT(s,n)	返回字符串s中最前的*n*个字符
RIGHT(s,n)	返回字符串s中最后的*n*个字符

续表

函数	作用
LPAD(s1,len,s2)	用字符串s2对s1进行左边填补直至达到len个字符长度
RPAD(s1,len,s2)	用字符串s2对s1进行右边填补直至达到len个字符长度
TRIM(s)	去除字符串s首部和尾部的所有空格
LTRIM(s)	从字符串s中去掉开头的空格
RTRIM(s)	从字符串s中去掉尾部的空格
REPEAT(s,n)	返回字符串s重复*n*次的结果
REPLACE(s,s1,s2)	用字符串s2替换字符串s中所有出现的字符串s1
STRCMP(s1,s2)	比较字符串s1和s2
SUBSTRING(s,n,len)	返回从字符串s的n位置起len个字符长度的子串
POSITION(s1,s)	返回子串s1在字符串s中第一次出现的位置
INSTR(s,s1)	从字符串s中获取s1的开始位置
REVERSE(s)	返回颠倒字符串s的结果
FIELD(s,s1,s2,…)	返回第一个与字符串s匹配的字符串的位置
FIND_IN_SET(s1,s2)	返回在字符串s2中与s1匹配的字符串的位置

下面对表 4-7 中常用的字符串函数进行讲解。

1．LEFT(s,n) 和 RIGHT(s,n) 函数

LEFT(s,n) 函数返回字符串 s 的最前 *n* 个字符；RIGHT(s,n) 函数返回字符串 s 的最后 *n* 个字符。例如：

```
SELECT LEFT('abcdefg',3), RIGHT('abcdefg',4);
```

结果如图 4-17 所示。

```
mysql> SELECT LEFT('abcdefg',3),RIGHT('abcdefg',4);
+-------------------+--------------------+
| LEFT('abcdefg',3) | RIGHT('abcdefg',4) |
+-------------------+--------------------+
| abc               | defg               |
+-------------------+--------------------+
1 row in set (0.06 sec)
```

图4-17　使用LEFT()和RIGHT()函数

2．CONCAT() 和 CONCAT_WS() 函数

CONCAT(s1,s2…) 和 CONCAT_WS(sep,s1,s2…) 函数都可以将 s1、s2 等多个字符串合并成一个字符串。但 CONCAT_WS(sep,s1,s2…) 第一个参数 sep 是其他参数的分隔符，分隔符放在要连接的两个字符串之间。例如：

```
SELECT CONCAT('Hello','World'),CONCAT_WS('*','Hello','World','!');
```

结果如图 4-18 所示。

```
mysql> SELECT CONCAT('Hello','World'),CONCAT_WS('*','Hello','World','!');
+-------------------------+-------------------------------------+
| CONCAT('Hello','World') | CONCAT_WS('*','Hello','World','!') |
+-------------------------+-------------------------------------+
| HelloWorld              | Hello*World*!                       |
+-------------------------+-------------------------------------+
1 row in set (0.00 sec)
```

图4-18 使用CONCAT()和CONCAT_WS()函数

3. TRIM(s)、LTRIM(s) 和 RTRIM(s) 函数

TRIM(s) 函数去掉字符串 s 开始处和结尾处的空格；LTRIM(s) 函数去掉字符串 s 开头处的空格；RTRIM(s) 函数去掉字符串 s 结尾处的空格。例如：

```
SELECT CONCAT('+', RTRIM('ms'), '+'), CONCAT('+', TRIM(' ms'), '+');
```

结果如图 4-19 所示。

```
mysql> SELECT CONCAT('+',RTRIM(' ms '),'+'),CONCAT('+',TRIM(' ms '),'+');
+-------------------------------+------------------------------+
| CONCAT('+',RTRIM(' ms '),'+') | CONCAT('+',TRIM(' ms '),'+') |
+-------------------------------+------------------------------+
| + ms+                         | +ms+                         |
+-------------------------------+------------------------------+
1 row in set (0.00 sec)
```

图4-19 使用RTRIM()和TRIM()函数

4. REPLACE() 函数

REPLACE(s,s1,s2) 函数用于用字符串 s2 替换 s 中所有出现的字符串 s1，最后返回替换后的字符串。例如：

```
SELECT REPLACE('It is my books', 'my', 'his');
```

结果如图 4-20 所示。

```
mysql> SELECT REPLACE('It is my books','my','his');
+--------------------------------------+
| REPLACE('It is my books','my','his') |
+--------------------------------------+
| It is his books                      |
+--------------------------------------+
1 row in set (0.00 sec)
```

图4-20 使用REPLACE()函数

5. SUBSTRING() 函数

SUBSTRING(s,n,len) 函数带有 len 参数的格式，从字符串第 *n* 个位置开始获得长度为 len 的字符串。例如：

```
SELECT SUBSTRING('football', '3', '4');
```

结果如图 4-21 所示。

```
mysql> SELECT SUBSTRING('football','3','4');
+-------------------------------+
| SUBSTRING('football','3','4') |
+-------------------------------+
| otba                          |
+-------------------------------+
1 row in set (0.00 sec)
```

图4-21 使用SUBSTRING()函数

6．LPAD() 和 RPAD() 函数

LPAD(s1,len,s2) 和 RPAD(s1,len,s2) 函数分别用字符串 s2 对字符串 s1 的左边和右边进行填补，直至 s1 中字符数目达到 len 个，最后返回填补后的字符串。例如：

```
SELECT LPAD('welcome', '12','!'),RPAD('mysql', '10', '*');
```

结果如图 4-22 所示。

```
mysql> SELECT LPAD('welcome','12','!'),RPAD('mysql','10','*');
+--------------------------+------------------------+
| LPAD('welcome','12','!') | RPAD('mysql','10','*') |
+--------------------------+------------------------+
| !!!!!welcome             | mysql*****             |
+--------------------------+------------------------+
1 row in set (0.00 sec)
```

图4-22　使用LPAD()和RPAD()函数

4.2.3　日期和时间函数

日期和时间函数也是 MySQL 中最常用的函数，主要用来对日期和时间数据进行处理。MySQL 内置的日期和时间函数及其作用如表 4-8 所示。

表4-8　时间和日期函数

函数	作用
CURDATE()或CURRRENT_DATE()	返回当前的日期
CURTIME()或CURRRENT_TIME()	返回当前的时间
DATE_ADD(d,INTERVAL intkeyword)	返回日期d加上间隔时间int的结果
DATE_FROM(d,fmt)	依照指定的fmt格式，格式化日期d值
DATE_SUB(d, INTERVAL intkeyword)	返回日期d减去间隔时间int的结果
DAYOFWEEK(d)	返回d所代表的一星期中的第几天，范围是1~7
DAYOFMONTH(d)	返回d是一个月的第几天，范围是1~31
DAYOYEAR(d)	返回d是一年的第几天，范围是1~366
DAYNAME(d)	返回d的星期名
EXTRACT(keyword FROM d)	从日期d中获取指定的值，keyword指定返回的值
FROM_DAYS(x)	计算从0000年1月1日开始x天后的日期
HOUR(t)	返回t的小时值，范围是0~23
MINUTE(t)	返回t的分钟值，范围是0~59
MONTH(d)	返回日期d的月份值，范围是1~12
MONTHNAME(d)	返回d的月份名
NOW()	返回当前日期和时间
QUARTER(d)	返回d在一年中的季度，范围是1~4
PERIOD_ADD(d,mon)	返回日期d增加mon月份的结果
PERIOD_DIFF(d1,d2)	返回日期d1和d2相差的月份
SECOND(t)	返回t的秒值，范围是0~59

续表

函数	作用
SEC_TO_TIME(x)	把秒值x转换为易读的时间值
TIME_FORMAT(t,fmt)	依照指定的fmt格式化时间t值
TIME_TO_SEC(t)	将时间t转换为秒数
TO_DAYS(D)	返回0到日期d的天数
WEEK(d)	返回日期d为一年中的第几周，范围是0~53
YEAR(d)	返回日期d的年份，范围是1000~9999

下面对表 4-8 中常用的日期和时间函数进行讲解。

1. NOW() 函数

NOW() 函数获取当前的时间日期，返回格式是“YYYYMMDD-HHMMSS”或者“YYYY-MM-DD HH:MM:SS”。例如：

```
SELECT NOW();
```

结果如图 4-23 所示。

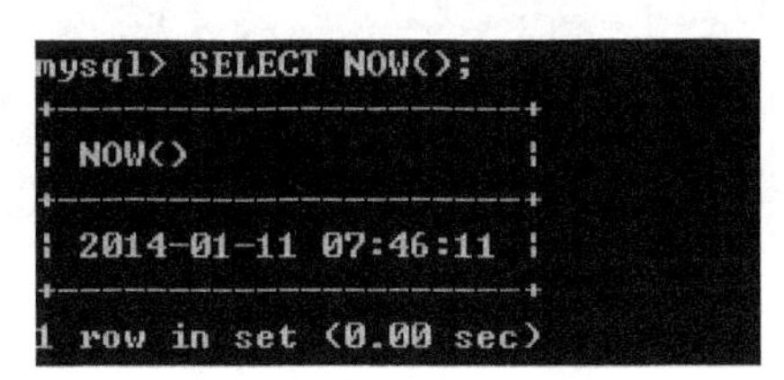

图4-23 使用NOW()函数

2. CURDATE() 和 CURTIME() 函数

CURDATE() 函数可以获取当前的系统日期，返回格式是“YYYYMMDD”或“YYYY-MM-DD”。CURTIME() 函数获取当前的时间，返回格式是“HHMMSS”或者“HH:MM:SS”。例如：

```
SELECT CURDATE(),CURTIME();
```

结果如图 4-24 所示。

```
mysql> SELECT CURDATE(),CURTIME();
+------------+-----------+
| CURDATE()  | CURTIME() |
+------------+-----------+
| 2014-01-11 | 07:38:46  |
+------------+-----------+
1 row in set (0.06 sec)
```

图4-24 使用CURDATE()和CURTIME()函数

3. DAYOFWEEK(d)、DAYOFMONTH(d) 和 DAYOYEAR(d) 函数

DAYOFWEEK(d)、DAYOFMONTH(d) 和 DAYOYEAR(d) 函数分别返回这一天在一年、一星期及一个月中的序数。例如：

```
SELECT DAYOFWEEK('2013-01-12'),
DAYOFMONTH('2013-01-12'),DAYOYEAR('2013-02-12');
```

结果如图 4-25 所示。

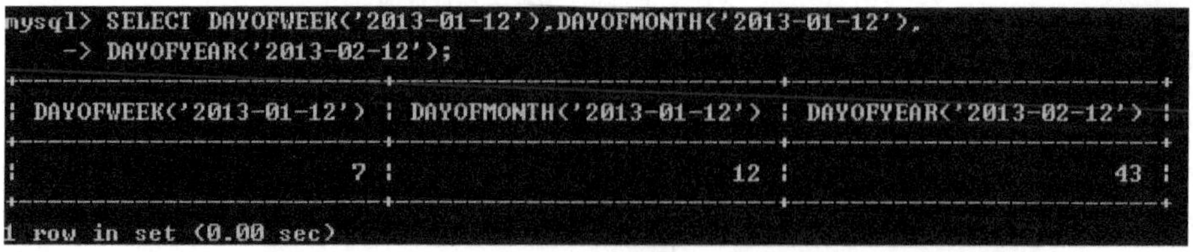

```
mysql> SELECT DAYOFWEEK('2013-01-12'),DAYOFMONTH('2013-01-12'),
    -> DAYOFYEAR('2013-02-12');
+-------------------------+--------------------------+-------------------------+
| DAYOFWEEK('2013-01-12') | DAYOFMONTH('2013-01-12') | DAYOFYEAR('2013-02-12') |
+-------------------------+--------------------------+-------------------------+
|                       7 |                       12 |                      43 |
+-------------------------+--------------------------+-------------------------+
1 row in set (0.00 sec)
```

图4-25　使用DAYOFWEEK()、DAYOFMONTH()和DAYOYEAR()函数

4．HOUR(t)、MINUTE(t) 和 SECOND(t) 函数

HOUR(t)、MINUTE(t) 和 SECOND(t) 函数分别返回时间值的小时、分钟和秒部分，每个函数带有一个参数，参数要求符合时间格式。例如：

```
SELECT HOUR('12:24:26'), MINUTE('12:24:26'), SECOND('12:24:26');
```

结果如图 4-26 所示。

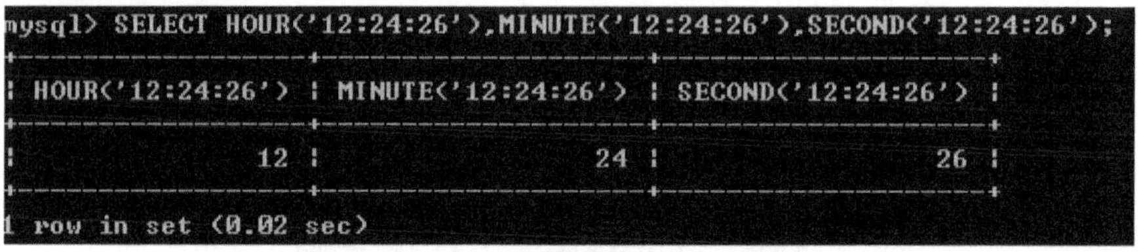

```
mysql> SELECT HOUR('12:24:26'),MINUTE('12:24:26'),SECOND('12:24:26');
+------------------+--------------------+--------------------+
| HOUR('12:24:26') | MINUTE('12:24:26') | SECOND('12:24:26') |
+------------------+--------------------+--------------------+
|               12 |                 24 |                 26 |
+------------------+--------------------+--------------------+
1 row in set (0.02 sec)
```

图4-26　使用HOUR(t)、MINUTE(t)和SECOND(t)函数

5．PERIOD_ADD(d,mon) 函数

PERIOD_ADD(d,mon) 函数可以对一个日期增加指定的月份数，然后返回增加月份数后的日期。其中参数 d 需要的格式为“YYMM”或“YYYYMM”，而函数返回的格式则为“YYYYMM”。例如：

```
SELECT PERIOD_ADD(1205,4), PERIOD_ADD(201106,4);
```

结果如图 4-27 所示。

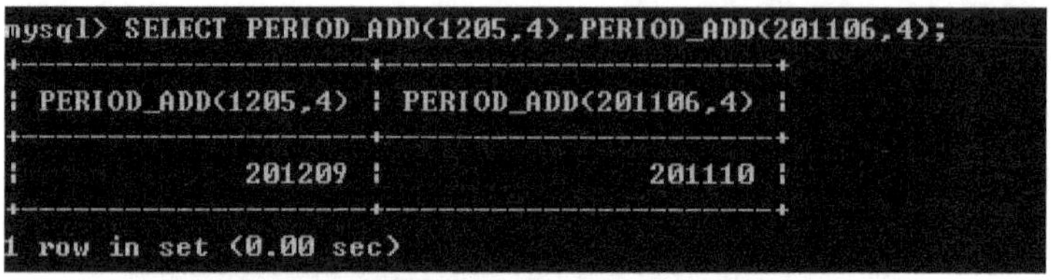

```
mysql> SELECT PERIOD_ADD(1205,4),PERIOD_ADD(201106,4);
+--------------------+----------------------+
| PERIOD_ADD(1205,4) | PERIOD_ADD(201106,4) |
+--------------------+----------------------+
|             201209 |               201110 |
+--------------------+----------------------+
1 row in set (0.00 sec)
```

图4-27　使用PERIOD_ADD()函数

6．DATE_ADD() 和 DATE_SUB() 函数

DATE_ADD(d, INTERVAL intkeyword) 函数用来计算 d 加上间隔时间后的值，DATE_SUB(d, INTERVAL intkeyword) 函数用来计算 d 减去时间间隔后的值。例如：

```
SELECT DATE_ADD('2013-04-12',INTERVAL 15 DAY),
DATE_SUB('2012-11-25 11:20:35',INTERVAL 20 MINUTE );
```

结果如图 4-28 所示。

```
mysql> SELECT DATE_ADD('2013-04-12',INTERVAL 15 DAY) AS  addtest,
    -> DATE_SUB('2012-11-25 11:20:35',INTERVAL 20 MINUTE) AS subtest;
+------------+---------------------+
| addtest    | subtest             |
+------------+---------------------+
| 2013-04-27 | 2012-11-25 11:00:35 |
+------------+---------------------+
1 row in set (0.02 sec)
```

图4-28　使用DATE_ADD()和DATE_SUB()函数

4.2.4　系统信息函数

MySQL 还具有一些特殊的函数用来获得系统本身的信息。例如，查询数据库的版本，查询数据库的当前用户等。表 4-9 列出了大部分的系统信息函数。

表4-9　系统信息函数

函数	作用
DATABASE()或者SCHEMA()	返回当前的数据库名
CONNECTION_ID()	获取服务器的连接数
USER()、SYSTEM_USER()、SESSION_USER	返回当前登录用户名
CHARSET(str)	获取字符串str的字符集
VERSION()	获取数据库的版本号
LAST_INSERT_ID()	获取最近生成的AUTO_INCREMENT值
COLLATION(str)	获取字符串str的字符排列方式

下面对表 4-9 中常用的系统信息函数进行讲解。

1．DATABASE()、USER() 和 VERSION() 函数

DATABASE()、USER() 和 VERSION() 函数分别返回当前所选数据库、当前用户和 MySQL 版本信息。例如：

```
SELECT DATABASE(),USER(),VERSION();
```

结果如图 4-29 所示。

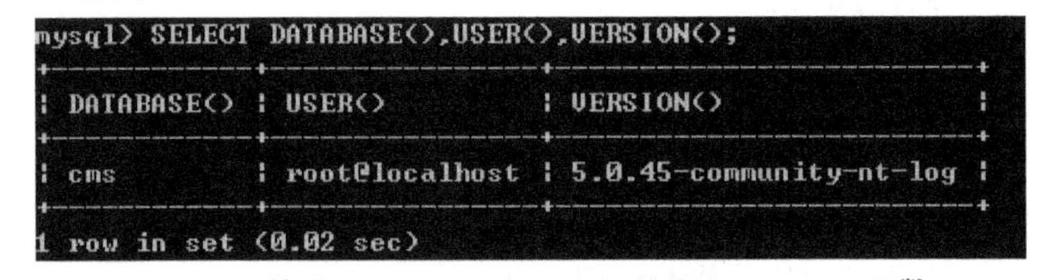

```
mysql> SELECT DATABASE(),USER(),VERSION();
+------------+----------------+-------------------------+
| DATABASE() | USER()         | VERSION()               |
+------------+----------------+-------------------------+
| cms        | root@localhost | 5.0.45-community-nt-log |
+------------+----------------+-------------------------+
1 row in set (0.02 sec)
```

图4-29　使用DATABASE()、USER()和VERSION()函数

2．CHARSET(str) 和 COLLATION(str) 函数

CHARSET(str) 函数返回字符串 str 的字符集，一般情况下这个字符集就是系统的默认字符集；COLLATION(str) 函数返回字符串 str 的字符排列方式。例如：

```
SELECT CHARSET('abc'), COLLATION('abc');
```

结果如图 4-30 所示。

```
mysql> SELECT CHARSET('abc'),COLLATION('abc');
+----------------+------------------+
| CHARSET('abc') | COLLATION('abc') |
+----------------+------------------+
| utf8           | utf8_general_ci  |
+----------------+------------------+
1 row in set (0.01 sec)
```

图4-30 使用CHARSET(str)和COLLATION(str)函数

4.2.5 其他函数

MySQL 中除了上述内置函数以外，还包含很多函数，例如，格式化函数、对数据进行加密的函数、IP 地址与数字相互转换的函数等。表 4-10 列出了 MySQL 中支持的其他函数。

表4-10 其他函数

函数	作用
FORMAT(x,y)	把数值格式化，参数x是格式化的数据，y是结果的小数位数
DATE_FORMAT(d,fmt)	格式化日期
TIME_FORMAT(t,fmt)	格式化时间
INET_ATON(IP)	可以将IP地址转换为数字表示
INET_NTOA(n)	可以将数字n转换成IP的形式
PASSWORD(str)	对字符串str进行加密。加密后数据不可逆
MD5(str)	对字符串str进行加密。用于对普通数据进行加密
CAST(x AS type)	将x变成type类型
CONVERT(s USING cs)	将字符串s的字符集变成cs

实训4

【实训目的】

1. 掌握 MySQL 运算符的使用方法。
2. 掌握系统内置函数的使用方法。

【实训准备】

1. 了解 MySQL 各种运算符的功能及使用方法。
2. 了解各种系统内置函数的功能及使用方法。

【实训步骤】

（1）使用算术运算符“-”查询最高点击数与最低点击数的差值。

```
SELECT MAX(hits)-MIN(hits)
FROM tb_news
```

（2）使用比较运算符“>”查询 tb_newstype 表中新闻总数大于 80 的新闻信息。

```
SELECT *
FROM tb_newstype
WHERE newstotal>80
```

（3）使用逻辑运算符“AND”查看以下语句的结果。

```
SELECT -1 AND 2 AND 3, 0 AND 3, 0 AND NULL, 3 AND NULL;
```

（4）使用 RIGHT() 函数返回从字符串“loveMySQL”右边开始的 5 个字符。

```
SELECT RIGHT('loveMySQL',5);
```

（5）查询数据表 tb_news 中 2013 年发布的信息。

```
SELECT *
FROM tb_news
WHERE YEAR(time)=2013;
```

（6）使用 CONCAT 函数连接两个字符串。

```
SELECT CONCAT('hello', 'world');
```

课后习题4

一、填空题

1. 算术运算符包括 ________。
2. 使用 ________ 函数，可以获取当前 MySQL 数据库的版本。
3. 使用 ________ 函数，可以将字符串进行逆序输出。
4. 使用 ________ 函数，可以将字符串变成小写。
5. 要去掉字符串“loveChinalove”起始位置的字符串“love”，可以使用 ________ 函数，具体语法 ______________。
6. 要计算当前日期是本年的第几天，可以使用 ________ 函数，具体语法 ____________。

二、选择题

1. 下面哪个运算符是逻辑或的操作？（　　）。

A．&　　B．||　　C．&&　　D．|

2. 下面函数可以进行数据类型转换的是（　　）。

A．PASSWORD()　　B．LTRIM()

C．CAST()　　D．ENCODE()

3. 下列哪个函数是用来返回当前登录名的？（　　）

A．USER()　　B．SHOW USER()

C．SESSION_USER()　　D．SHOW USERS()

4. 下列哪个函数是用来计算四舍五入的？（　　）

A．RAND()　　B．REPLACE()

C．ROUND()　　D．INSERT()

5. 在 SELECT 语句中使用 CEILING(属性名) 时，属性名（　　）。

A．必须是数值型　　B．必须是字符型

C．必须是数值型或字符型　　D．不限制数据类型

6. 已知变量 a=" 一个坚定的人只会说 yes 不会说 no"，下列截取“yes”的操作正确的语法是（　）。

A．RIGHT(LEFT(a,21),4)　　B．LEFT(RIGHT(a,12),3)

C．RIGHT(LEFT(a,20),3)　　D．SUBSTRING(a,19,3)

三、思考题

1. 请列出 MySQL 运算符的优先级。

2. 对下面几种运算符进行优先级排序：+、*、OR、>>、！、&、|、^。

3. MySQL 函数共有几种？请一一列举出来。

第5章 新闻发布系统的索引与完整性约束

学习目标

本章将要学习索引操作的相关知识，包括索引的创建、索引的删除等；同时还会学习到完整性对数据库的作用，以及如何创建、删除完整性约束。本章的学习目标包括：

- 数据完整性约束的概念。
- 掌握索引的创建方法。
- 掌握完整性约束的创建和删除方法。

学习导航

在数据库中，为了从大量的数据中迅速找到需要的内容，采用了类似于书目录这样的索引技术，使得数据查询时不必扫描整个数据库，就能迅速查到所需要的内容。在MySQL数据库中的约束是对表中数据的一种约束，能够帮助数据库管理员更好地管理数据库，并且能够确保数据库中数据的正确性和有效性。

本章的知识结构图如图5-1所示。

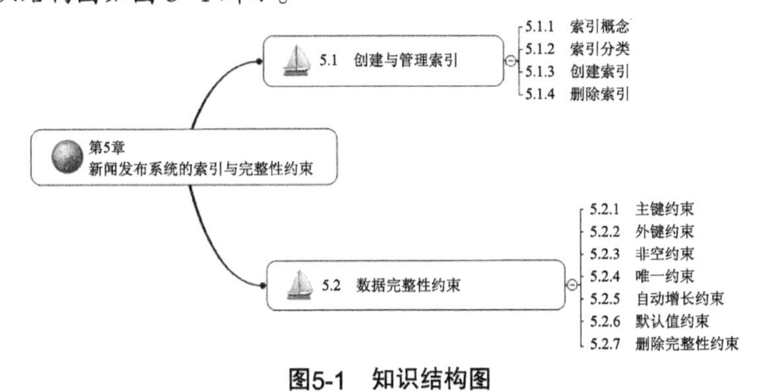

图5-1 知识结构图

5.1 创建与管理索引

用户对数据库最频繁的操作是进行数据查询。一般情况下，数据库在进行查询操作时，需要对整个表进行数据搜索。当表中的数据量很大时，搜索数据就需要很长的时间，这就造成了服务器的资源浪费。这时，可以利用索引快速访问数据库表中的特定信息。

5.1.1 索引概念

用户通过索引查询数据，不但可以提高查询速度，也可以降低服务器的负载。用户查询数据时，系统可以不必遍历数据表中的所有记录，而是查询索引列。一般过程的数据查询是通过遍历全部数据来寻找数据库中的匹配记录来实现的。与一般形式的查询相比，索引就像一本书的目录。当用户通过目录查询书中内容时，就好比通过目录查询某章节的某个知识点，这样就大量缩短了查询时间，有效地提高了查找速度。所以，使用索引可以有效提高数据库系统的整体性能。

5.1.2 索引分类

MySQL 中索引可以简单分为普通索引、唯一索引、主键索引和全文索引，具体说明如下：

- 普通索引。它是最基本的索引类型，可以加快对数据的访问。该索引没有唯一性限制，也就是索引数据列允许有重复值。
- 唯一索引。和普通索引类似，但是该索引有个特点，即索引数据列中的值只能出现一次，也就是索引列值要求唯一，需要使用UNIQUE关键词。
- 主键索引。主键索引就是专门为主键字段创建的索引，也属性唯一索引的一种，只是需要使用PRIMARY KEY关键词。
- 全文索引。MySQL支持全文索引，其类型为FULLTEXT，可以在VARCHAR或TEXT类型上创建。

由于索引是作用在数据列上的，因此，索引可以由单列组成，也可以由多列组成。单列组成的索引称为单列索引，多列组成的索引称为组合索引。

5.1.3 创建索引

1. 在建立数据表时创建索引

创建表时可以直接创建索引，这种方式最简单、方便。其基本语法形式如下：

```
CREATE TABLE tb_name
(
col_name1 data_type,
col_name2 data_type,
…
[UNIQUE | FULLTEXT | SPATIAL] [INDEX | KEY] [index_name] (col_name [length])
[ASC | DESC]
)
```

其中

- UNIQUE、FULLTEXT和SPATIAL为可选参数，分别表示唯一索引、全文索引和空间索引。
- INDEX和 KEY为同义词，两者作用相同，用来指定创建索引。
- col_name为需要创建索引的字段列。
- index_name指定索引的名称，为可选参数。如果不指定，MySQL默认col_name为索引值。

- length为可选参数，表示索引的长度，只有字符串类型的字段才能指定索引长度。
- ASC或DESC参数用于指定数据表的排序顺序。

【示例 5.1】在部门表 tb_dept 中的部门编号 deptcode 字段上建立普通索引。

```
CREATE TABLE tb_dept
(
deptcode nvarchar(10) not null Primary Key,
deptname nvarchar(20) not null,
deptflag char(4) not null,
deptup nvarchar(10) not null,
deptlevel int null,
INDEX(deptcode)
)
```

该语句执行完毕之后，使用 SHOW CREATE TABLE 语句查看表结构，如图 5-2 所示。

```
mysql> SHOW CREATE TABLE tb_dept \G;
*************************** 1. row ***************************
       Table: tb_dept
Create Table: CREATE TABLE `tb_dept` (
  `deptcode` varchar(10) character set utf8 NOT NULL,
  `deptname` varchar(20) character set utf8 NOT NULL,
  `deptflag` char(4) NOT NULL,
  `deptup` varchar(10) character set utf8 NOT NULL,
  `deptlevel` int(11) default NULL,
  PRIMARY KEY  (`deptcode`),
  KEY `deptcode` (`deptcode`)
) ENGINE=MyISAM DEFAULT CHARSET=gb2312
1 row in set (0.00 sec)
```

图5-2　查看表结构

由结果可以看到，tb_dept 表的 deptcode 字段上成功建立索引，其索引名称 deptcode 为 MySQL 自动添加。

2．在已建立的数据表中创建索引

在已经存在的表中，可以直接为表上的一个或几个字段创建索引。基本形式如下：

```
CREATE [UNIQUE | FULLTEXT | SPATIAL] INDEX in_name
ON tb_name( col_name [(length)] [ASC | DESC ]);
```

命令的参数说明如下：

- in_name为索引名称，该参数的作用是给用户创建的索引赋予新的名称。
- UNIQUE | FULLTEXT | SPATIAL为可选参数，用于指定索引类型，分别表示唯一索引、全文索引、空间索引。
- col_name表示字段的名称，该字段必须预存在用户想要操作的数据表中。如果该数据表中不存在用户指定的字段，则系统会提示异常。
- length为可选参数，用于指定索引长度。
- ASC | DESC参数用于指定数据表的排序顺序。

【示例 5.2】为 tb_user 表的 uid 列上的前 5 个字符建立一个升序索引 xh_user。

```
CREATE INDEX xh_user
ON tb_user (uid(4) ASC );
```

运行结果显示创建成功后，可以使用 SHOW CREATE TABLE 语句查看表的结构，如图 5-3 所示。

```
mysql> SHOW CREATE TABLE tb_user \G
*************************** 1. row ***************************
       Table: tb_user
Create Table: CREATE TABLE `tb_user` (
  `uid` char(10) NOT NULL,
  `username` varchar(20) character set utf8 NOT NULL,
  `password` varchar(10) character set utf8 NOT NULL,
  `email` varchar(50) character set utf8 NOT NULL,
  `lever` varchar(20) character set utf8 NOT NULL,
  `deptcode` varchar(20) character set utf8 NOT NULL,
  `state` char(1) NOT NULL,
  PRIMARY KEY  (`uid`),
  KEY `xh_user` (`uid`(4))
) ENGINE=MyISAM DEFAULT CHARSET=gb2312
1 row in set (0.00 sec)
```

图5-3 查看表结构

从结果可以看到，tb_user 表中的 uid 字段上创建了一个名为 xh_user 的索引，这表示使用 CREATE INDEX 语句成功地在 tb_user 表上创建了普通索引。

5.1.4 删除索引

删除索引是指将表中已经存在的索引删除。一些不再使用的索引会占用系统资源，也可能导致更新速度下降，会极大地影响数据表的性能。所以，在用户不需要该表的索引时，可以手动删除指定索引。

对已经存在的索引，可以通过 DROP 语句来删除。基本语法形式如下：

```
DROP INDEX in_name ON tb_name;
```

其中，in_name 参数指要删除的索引的名称；tb_name 参数指索引所在的表的名称。

【示例 5.3】利用 DROP 命令，删除数据表 tb_user 中的 xh_user 索引。

```
DROP INDEX xh_user ON tb_user;
```

在删除索引后，为确定该索引已被删除，用户可以再次应用 SHOW CREATE TABLE 语句来查看数据表结构。

5.2 数据完整性约束

数据完整性是指数据库中数据的正确性和相容性。所谓数据的正确性是指数据的值必须是正确的，必须在规定的范围之内；而数据的相容性是指数据的存在必须确保同一表格数据之间及不同表格数据之间的相容关系。例如，用户编号必须是唯一的，新闻表中的用户编号必须是用户信息表中已存在的。

数据完整性是衡量一个数据库质量好坏的重要标准，是确保数据库中的数据一致性、正确性及符合企业规则的一种思想，是使无序数据条理化、确保正确数据被存放在正确位置的一种手段。

5.2.1　主键约束

主键（Primary Key）约束是6种约束中使用最为频繁的约束。主键约束要求主键列的数据唯一，并且不允许为空。主键和记录的关系，如同身份证和人的关系，每个人都具有唯一的身份证号，所以使用主键能够唯一地标识表中的一条记录。

1．单字段主键

【示例5.4】创建新闻类别表tb_newstype，将类别编号定义为主键。

```
CREATE TABLE tb_newstype
(
tid char(10) not null  Primary Key,
typename nvarchar(20) not null,
flag char(4) not null,
newstotal int null
);
```

也可以在定义完所有的字段之后再指定主键。

```
CREATE TABLE tb_newstype
(
tid char(10) not null,
typename nvarchar(20) not null,
flag char(4) not null,
newstotal int null,
Primary Key (tid)
);
```

上述两个例子执行后的结果是一样的，都会在tid字段上设置主键约束。

2．多字段主键

复合主键是指多个字段联合组成，只能定义为表的完整性约束。

【示例5.5】创建评论表tb_comment，假设表中没有主键cid，为了唯一确定一条评论，可以把用户编号uid、新闻编号nid和时间time三个字段联合起来作为主键。

```
CREATE TABLE tb_comment
(
uid char(10) not null,
nid int not null,
time date not null,
content text not null,
Primary Key (uid, nid, time)
);
```

语句执行后，便创建了一个名称为tb_comment的数据表，uid、nid和time字段组合在一起成为tb_comment的多字段联合主键。

5.2.2 外键约束

外键（Foreign Key）约束标识表之间的关系，用于强制参照完整性，为表中一列或者多列数据提供参照完整性。外键约束也可以参照自身表中的其他列，这种参照称为自参照。

外键约束可以在如下情况下使用：

- 作为表定义的一部分在创建表时创建。
- 如果外键约束与另一个表（或同一个表）已有的外键约束或唯一约束相关联，则可向现有表添加外键约束。一个表可以有多个外键约束。
- 对已有的外键约束进行修改或删除。例如，要使一个表的外键约束引用其他列。定义外键约束列的列宽不能更改。

下面就是一个使用外键约束的例子。数据表 tb_comment 中 uid 列引用了数据表 tb_user 中的 uid（说明是哪个用户评论的信息）。在向数据表 tb_comment 中插入新行或修改其数据时，这一列的值必须在数据表 tb_user 中已经存在，否则将不能执行插入或修改操作。实施外键约束时，要求被引用表中定义了主键约束或唯一约束。图 5-4 说明了主键和外键的关系。

主表（父表）：

uid	username	password	email	lever	deptcode	state
u1001	张小明	654321	xiaoming@163.com	超级管理员	d1001	1
u1002	李华	345678	lihua@163.com	普通管理员	d1001	1
u1003	李小红	234567	xiaohong@163.com	普通管理员	d1001	1

从表（子表）：

cid	uid	nid	time	content
c121	u1004	n111	now()	希望以后多多指导我们的工作。
c122	u1005	n112	now()	顺利通过达标验收，可喜可贺。
c123	u1006	n113	now()	好想试用新产品。

图5-4 主键和外键的关系

创建外键约束的基本语法如下：

```
[CONSTRAINT<外键名>] FOREIGN KEY 列名1 [,列名2,…]
REFERENCES <主键表> 主键列1 [, 主键列2…]
```

其中，“外键名”为定义的外键约束的名称，一个表中不能有相同名称的外键；“字段名”表示子表需要添加外键约束的字段列；“主表名”即被子表外键所依赖的表的名称；“主键列”表示主表中定义的主键列或者列组合。

【示例 5.6】定义新闻发布系统中的评论表 tb_comment，并在 tb_comment 表上创建外键约束。

```
CREATE TABLE tb_comment
(
cid char(10) not null Primary Key,
uid char(10) not null,
nid int not null,
time date not null,
content text not null,
```

```
CONSTRAINT fk_comm_user FOREIGN KEY(uid)
REFERENCES tb_user(uid)
);
```

以上语句执行成功之后，在表 tb_comment 上添加了名为 fk_comm_user 的外键约束，外键名称为 uid，其依赖于表 tb_user 的主键 uid。

5.2.3 非空约束

非空约束是用来约束表中字段不能为空的约束，例如，在用户信息表中如果不添加用户名，那么这条用户就没有意义，所以要为用户名字段设置非空约束。

非空约束的基本语法如下：

```
字段名 数据类型 not null
```

【示例 5.7】创建新闻类别表 tb_newstype，并为新闻类别表中的类别名称 typename 列设置非空约束。

```
CREATE TABLE tb_newstype
(
tid char(10) not null Primary Key ,
typename nvarchar(20) not null,
flag char(4) not null,
newstotal int null
);
```

通过上面的代码，就为新闻类别表 tb_newstype 中的 typename 列设置了非空约束，也就是新闻类别名称必须添加，否则就会出现错误提示。

5.2.4 唯一约束

唯一（Unique）性是指所有记录中该字段的值不能重复出现。唯一约束与主键约束有一个相似的地方，就是它们都是确保列的唯一性的。与主键约束不同的是，唯一约束在一个表中可有多个，并且设置唯一约束的列允许有空值，但是只能有一个空值。例如，在用户信息表中，要避免表中的用户名重名，就可以把用户名列设置为唯一约束。

设置唯一约束的基本语法如下：

```
字段名 数据类型 UNIQUE
```

【示例 5.8】定义新闻发布系统中的部门表 tb_dept，指定部门的名称唯一。

```
CREATE TABLE tb_dept
(
deptcode nvarchar(10) not null Primary Key,
deptname nvarchar(20) UNIQUE,
deptflag char(4) not null,
deptup   nvarchar(10) not null,
deptlevel int  null
);
```

执行上面的代码，就可以在部门表 tb_dept 中为部门名称添加唯一约束，那么部门名称就不可以重复了。

5.2.5 自动增长约束

在数据库应用中，经常希望在每次插入新记录时，系统自动生成字段的主键值。可以通过为表主键添加 AUTO_INCREMENT 关键字来实现。一个表只能有一个字段使用 AUTO_INCREMENT 约束，且该字段必须为主键的一部分。AUTO_INCREMENT 约束的字段可以是任何整数类型。默认情况下，该字段的值从 1 开始自增，每新增一条记录，字段值自动加 1。

设置自动增长约束的基本语法如下：

```
字段名 数据类型 AUTO_INCREMENT
```

【示例 5.9】定义新闻发布系统中的新闻表 tb_news，指定新闻的编号自动递增。

```
CREATE TABLE tb_news
(
nid int not null Primary Key AUTO_INCREMENT,
title varchar(50) not null,
tid  char(10) not null,
inputer int not null,
chkuser int not null,
deptcode nvarchar(10),
time datetime,
hits int null,
content text not null
);
```

上述代码执行后，会创建名称为 tb_news 的数据表，表 tb_news 中的 nid 字段的值在添加记录的时候会自动增加。在插入记录的时候，默认的自动字段 nid 的值从 1 开始，每次添加一条新记录，该值自动加 1。

5.2.6 默认值约束

默认值约束是用来约束当数据表中某个字段不输入值时，自动为其添加一个已经设置好的值。例如，在注册用户信息时，如果不输入用户的性别，就会默认设置一个性别或者输入一个“未知”。默认值是通过 DEFAULT 关键字来设置的。

设置默认值约束的基本语法如下：

```
字段名 数据类型 DEFAULT  默认值
```

【示例 5.10】在创建新闻类别表时，将新闻类别的标志 flag 字段设置为默认值“显示”。

```
CREATE TABLE tb_newstype
(
tid char(10) not null primary key ,
typename nvarchar(20) not null,
flag char(4) null DEFAULT '显示',
newstotal int null
);
```

以上语句执行成功之后，表 tb_newstype 上的字段 flag 拥有了一个默认的值“显示”，新插入的记录如果没有指定标志字段，则默认为“显示”。

5.2.7 删除完整性约束

如果使用一条 DROP TABLE 语句删除一个表，所有的完整性约束都自动被删除了，从表中的所有外键也都被删除了。使用 ALTER TABLE 语句，完整性可以独立被删除，而不用删除表本身。

【示例 5.11】删除表 tb_user 的主键。

```
ALTER TABLE tb_user DROP PRIMARY KEY;
```

【示例 5.12】删除表 tb_comment 的外键。

```
ALTER TABLE tb_comment DROP FOREIGN KEY fk_comm_user;
```

实训5

【实训目的】

1. 掌握创建索引的方法。
2. 掌握数据表各种约束的创建和删除方法。

【实训准备】

1. 了解索引的作用与分类。
2. 了解索引的创建方法。
3. 了解数据完整性的概念及分类。
4. 掌握各种数据完整性的实现方法。

【实训步骤】

（1）创建索引。使用 CREATE TABLE 语句创建 tb_user 表，创建表的时候同时创建两个索引。在 uid 字段上创建名为 index_uid 的唯一索引，并且以降序的形式排列；在 username 和 password 字段上创建名为 index_user 的多列索引。

```
CREATE TABLE tb_user
(
uid char(10) not null primary key,
username nvarchar(20) not null,
password nvarchar(10) not null,
email nvarchar(50) not null,
lever nvarchar(20) not null,
deptcode nvarchar(20) not null,
state char(1) not null,
UNIQUE INDEX index_uid(uid, DESC),
INDEX index_user(username, password)
)
```

（2）在用户信息表 tb_user 表的 email 字段上创建名为 index_email 的索引。

```
CREATE INDEX index_email ON tb_user(email(15));
```

（3）根据下表结构，创建 tb_news1 表，其中字段 tid 是表 tb_newstype 的外键。

字段名	数据类型	主键	外键	非空	唯一	自增
nid	INT(11)	是	否	是	否	是
title	VARCHAR(100)	否	否	否	是	否
tid	CHAR(10)	否	是	是	否	否
time	DATETIME	否	否	否	否	否
content	TEXT	否	否	否	否	否

代码如下：

```
create table tb_news1
(
nid int not null primary key AUTO_INCREMENT,
title varchar(100) null UNIQUE,
tid char(10) not null,
time datetime null,
content text null,
CONSTRAINT fk_news_type FOREIGN KEY(tid)
REFERENCES tb_newstype (tid)
)
```

（4）修改上述创建好的 tb_news1，把时间的默认值设置为“2013-01-01”。

```
ALTER TABLE tb_news1 ALTER time SET DEFAULT 2013-01-01;
```

课后习题 5

一、填空题

1. 一个表上只能创建 ________ 个主键约束，但可以创建 ________ 个唯一性约束。
2. 约束的类型主要有 ________。
3. 主键约束与唯一约束最大的区别是 ________。
4.________ 约束通过确保在列中不输入重复值保证一列或多列的实体完整性。
5. 两个表的主关键字和外关键字的数据应对应一致，这是属于 ________ 完整性，可以通过 ________ 和 ________ 来实现。

二、选择题

1. 以下关于索引的说法正确的是（　）。
A．一个表上只能建立一个唯一索引
B．一个表上可以建立多个聚集索引
C．索引可以提高数据查询效率
D．只能表的所有者才能创建表的索引

2. 如果要求表中的一个字段或几个字段的组合具有不重复的值，而且不允许为 NULL 值，就应当将这个字段或字段组合设置为表的（　）。

A．外键　　B．主键

C．唯一性约束　　D．默认值

3. 下面（　）关键字是定义唯一约束的？

A．PRIMARY KEY　　B．UNIQUE

C．NOT NULL　　D．FOREIGN KEY

4. 下面（　）关键字是定义非空约束的？

A．PRIMARY KEY　　B．UNIQUE

C．NOT NULL　　D．FOREIGN KEY

三、思考题

1. 使用索引的优点及缺点是什么？

2. 什么是数据的完整性？简述关系数据库的几种完整性，并各举一例。

3. 当向表中添加数据时，如果某个字段没有输入值，分析此字段值的可能情况。

第6章 新闻发布系统的数据查询和视图查询

学习目标

本章将要学习各种查询方法，包括单表条件查询、单表多条件查询、多条多条件查询、嵌套查询，并能对查询结果进行排序、分组、汇总等操作。本章的学习目标包括：

- 了解数据查询的概念及功能。
- 理解连接查询、嵌套查询、索引的概念。
- 掌握连接查询、嵌套查询的SQL编写方法。
- 理解视图的概念。
- 掌握视图的应用。

学习导航

数据库查询是指数据库管理系统按照数据库用户的指定条件，从数据库的相关表中找到满足条件信息的过程。数据查询涉及两个方面：一是用户指定查询条件；二是系统进行处理并把查询结果反馈给用户。数据查询可以通过 SELECT 语句来完成。SELECT 语句可以从数据库中按用户的要求检索数据，并将查询结果以表的形式返回。

本章的知识结构图如图 6-1 所示。

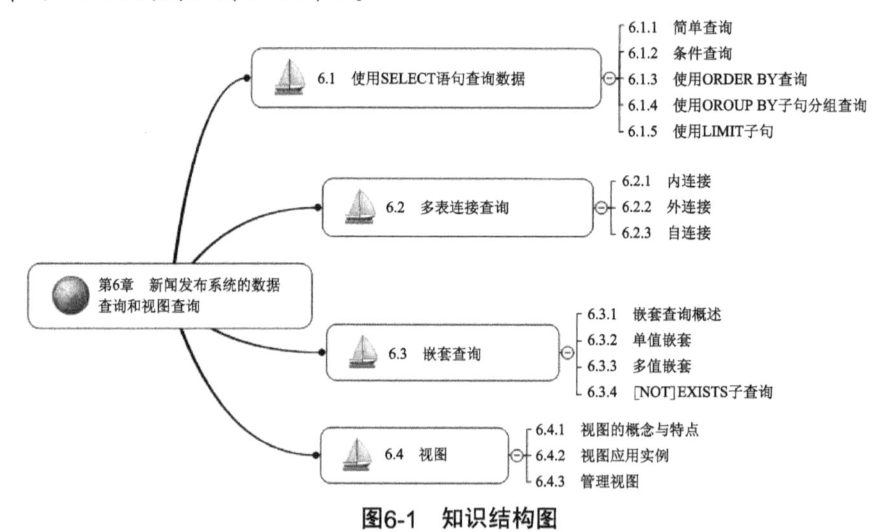

图6-1　知识结构图

6.1　使用SELECT语句查询数据

SELECT 语句是数据库应用技术的核心，学习 SQL Server 的过程中用得最多的可能就是 SELECT 语句了。利用 SELECT 语句从数据库中检索满足一定条件的数据，并能对检索结果做一定的处理以满足不同的需要。SELECT 语句格式中除了一些基本参数外，还有大量的选项可以用于数据查询。在构造 SELECT 语句的时候，熟悉所有的可能选项将会更有效地实现数据查询。

SQL 查询的基本语句格式如下：

```
SELECT [ALL | DISTINCT] select_list
FROM tb_name
[WHERE <search_condition>]
[GROUP BY <group_by_expression>]
[HAVING <search_condition>]
[ORDER BY <order_expression> [ASC| DESC]
[LIMIT [<offset>,] <row count> ]
```

SELECT 和 FROM 是必需的子句，其他子句都是可选的。各子句的含义如下。

- SELECT子句：指定由查询返回的列。
- FROM子句：用于指定引用的列所在的表或视图。
- WHERE子句：指定用于限制返回行的搜索条件。
- GROUP BY子句：用于根据字段对行分组。
- HAVING子句：指定分组或聚合的搜索条件。
- ORDER BY子句：指定结果集的排序。
- LIMIT子句：该子句显示查询出来的数据条数。

SELECT 的可选参数比较多，接下来将从简单的开始，一步一步深入学习，读者将会对各个参数的作用有清晰的认识。

6.1.1　简单查询

1. 选择所有的列

查询全部列，即将表中的所有列都选出来，一般有两种方法。一是简单地将目标列选项指定为 *，此时列的显示顺序与其在基表中的顺序相同；二是在 SELECT 的后面列出所有列名。

【示例 6.1】查询用户表的全部信息，其命令为：

```
SELECT  *
FROM  tb_user;
```

运行上述语句的结果如图 6-2 所示。

uid	username	password	email	lever	deptcode	state
u1001	张小明	c333677015	xiaoming@163.com	超级管理员	d1001	1
u1002	李华	5bd2026f12	lihua@163.com	普通管理员	d1001	1
u1003	李小红	508df4cb2f	xiaohong@163.com	普通管理员	d1001	1
u1004	张天浩	41efd6b4f8	tianhao@126.com	普通用户	d3001	1
u1005	李洁	4e11a005f7	lijie@163.com	普通用户	d5001	0
u1006	黄维	a027c77005	huangwei@163.com	普通用户	d5008	1
u1007	余明杰	8044657128	mingjie@126.com	普通用户	d4013	0

图6-2　查询所有用户的详细信息

2．查询指定的列

在很多情况下，用户只对表中的一部分列值感兴趣，这时可以通过在 SELECT 子句中通过选项 ({column_name1,column_name2[, ...]} 来指定要查询的目标列。各个列的先后顺序可以与表中的顺序不一致，用户可以根据应用的需要改变列的现实顺序。

【示例 6.2】在新闻表中查询所有新闻的编号、发布日期、标题和发布人，具体命令如下：

```
SELECT nid,time,title,inputer
FROM tb_news;
```

在 SQL 编辑器中运行上述语句的结果如图 6-3 所示。

nid	time	title	inputer
n111	2012-04-15 00:00:00	市领导莅临我公司参观指导	u1001
n112	2013-10-28 00:00:00	我公司最新工程顺利完工	u1002
n113	2013-08-14 00:00:00	我公司将推出新一代产品	u1002
n114	2013-12-01 00:00:00	12月最新招聘信息	u1002
n115	2013-02-24 00:00:00	行业委员会工作会议在京召开	u1003

图6-3　查询指定列的运行结果

3．使用别名

在显示结果集中，可以指定以别名（显示的名字）代替原来的列名，通常也用来显示结果集中列的汉字标题。AS 子句可以用来改变结果集列的名称，也可以为组合或计算出的列指定名称。使用别名可以使标题列的信息更易懂。

【示例 6.3】显示已经发布过新闻的人员名单。

```
SELECT  inputer  AS  发布人员
FROM tb_news;
```

执行以上语句后得到如图 6-4 所示的结果。

发布人员
u1001
u1002
u1002
u1002
u1003

图6-4　使用别名的运行结果

有 3 种方法指定别名：

- 通过“列名 列标题”形式。
- 通过“列名AS列标题”形式。
- 通过“列标题=列名”形式。

4．计算列值

使用 SELECT 对列进行查询时，在结果中可以输出对列值计算后的值，即 SELECT 子句可使用表达式作为结果。

【示例 6.4】显示新闻分类表中的新闻数量增加 20% 之后的信息。

```
SELECT  newstotal*1.2  AS 新闻条数
FROM tb_newstype;
```

上述语句的执行结果如图 6-5 所示。

新闻条数
240.0
96.0
144.0
360.0
168.0
120.0

图6-5 计算列值

5．消除结果集中的重复行

从图 6-3 中可以看出，发布人员“u1002”重复出现 3 次，这是因为 SELECT 语句默认使用了 ALL 参数，其结果是显示数据表中所有指定的行，包括列值重复的数据行。在没有指定的时候，这个 ALL 关键字是默认的。如果要消除重复的行，必须使用 DISTINCT 参数。

```
SELECT  DISTINCT  inputer  AS 发布人员
FROM  tb_news;
```

其执行结果将消除重复的行，如图 6-6 所示。

发布人员
u1001
u1002
u1003

图6-6 消除重复行的运行结果

注意，DISTINCT 关键字的作用范围是整个 SELECT 列表，而不是针对某一列。上述语句显示了对发布人员查询的结果。如果在 SELECT 列表中包含了两列或者更多的列，那么显示的结果将是这两列或者更多列的唯一组合。

6.1.2 条件查询

如果要从很多记录中查询出指定的记录，那么就需要一个查询的条件。设定查询条件应用的是 WHERE 子句，通过它可以实现很多复杂的条件查询。

1. 比较查询

比较查询需要运用比较运算符，比较运算符包括 <、<=、>、>=、=、<> 等。

【示例 6.5】查询新闻表点击数大于 200 的新闻编号、标题和点击数。具体命令如下：

```
SELECT nid, title ,hits
FROM tb_news
WHERE hits>200
```

上述语句的执行结果如图 6-7 所示。

nid	title	hits
n113	我公司将推出新一代产品	300
n114	12月最新招聘信息	500

图6-7 比较查询结果

2. 多条件查询

AND 和 OR 可用来连接多个查询条件，这样可以使查询的结果更加精确。使用 AND 操作符限定只有满足所有查询条件的记录才会被返回。使用 OR 操作符，表示只需要满足其中一个条件的记录即可返回。

【示例 6.6】在新闻表中查询发布人员为“u1002”，并且点击数大于 200 的新闻。

```
SELECT inputer AS 发布人员 ,title,hits
FROM tb_news
WHERE hits>200 AND inputer='u1002';
```

上述语句的执行结果如图 6-8 所示。

inputer	title	hits
u1002	我公司将推出新一代产品	300
u1002	12月最新招聘信息	500

图6-8 多条件AND查询结果

【示例 6.7】在新闻表中查询发布人员为“u1001”或“u1003”发布的新闻标题。

```
SELECT inputer AS 发布人员 ,title,hits
FROM tb_news
WHERE inputer='u1001' OR inputer='u1003';
```

上述语句的执行结果如图 6-9 所示。

inputer	title
u1001	市领导莅临我公司参观指导
u1003	行业委员会工作会议在京召开

图6-9 多条件OR查询结果

3．指定范围查询

可以使用[NOT]BETWEEN ... AND运算符查询某个范围内的值。该操作符需要两个参数，即范围的开始值和结束值。如果字段值满足指定的范围查询条件，则返回这些记录。

使用IN关键字可以指定一个值表，值表中列出所有可能的值，当与值表中的任一个匹配时，即返回TRUE，否则返回FALSE。

【示例6.8】查询新闻表中不是2013年发布的新闻情况：发布日期，标题，发布者。具体命令如下：

```
SELECT time AS "发布日期",title AS "标题",inputer AS "发布者"
FROM tb_news
WHERE time NOT BETWEEN '2013-01-01' AND '2013-12-31' ;
```

上述语句的执行结果如图6-10所示。

发布日期	标题	发布者
2012-04-15 00:00:00	市领导莅临我公司参观指导	u1001

图6-10　范围内的值查询

【示例6.9】查询新闻表中录入员为“u1001”、“u1002”和“u1003”的新闻标题、时间和录入员。

```
SELECT title AS "标题" , time AS "发布日期", inputer AS "录入员"
FROM tb_news
WHERE inputer in ('u1001', 'u1002', 'u1003');
```

上述语句的执行结果如图6-11所示。

标题	发布日期	录入员
市领导莅临我公司参观指导	2012-04-15 00:00:00	u1001
我公司最新工程顺利完工	2013-10-28 00:00:00	u1002
我公司将推出新一代产品	2013-08-14 00:00:00	u1002
12月最新招聘信息	2013-12-01 00:00:00	u1002
行业委员会工作会议在京召开	2013-02-24 00:00:00	u1003

图6-11　指定值表查询

4．模糊查询

谓词LIKE可以用来进行字符串的匹配。如果字段的值与指定的字符串相匹配，则满足查询条件，该记录将被查询出来。LIKE有两种通配符：“%”和下画线“_”。

- “%”可以匹配一个或多个字符，可以代表任意长度的字符串，长度可以为0。例如，b%d，表示以字母b开头、以字母d结尾的任意长度的字符串。该字符串可以代表bd、bed、bird、bread、braced等字符串。
- “_”只匹配一个字符。例如，b_d，表示以字母b开头、以字母d结尾的3个字符。该字符串代表bad、bed、bid、bod等字符串。

【示例6.10】查询新闻表中标题包含“公司”关键字的新闻标题和时间。

```
SELECT title AS "标题" , time AS "发布日期"
FROM tb_news
```

```
WHERE title LIKE '%公司%';
```

上述语句的执行结果如图 6-12 所示。

标题	发布日期
市领导莅临我公司参观指导	2012-04-15 00:00:00
我公司最新工程顺利完工	2013-10-28 00:00:00
我公司将推出新一代产品	2013-08-14 00:00:00

图6-12　模糊查询

5. 空值查询

IS NULL 关键字可以用来判断字段的值是否为空值（NULL）。如果字段的值是空值，则满足查询条件，该记录将被查询出来。如果字段的值不是空值，则不满足条件。

【示例 6.11】查询新闻表中部门号为空的记录。

```
SELECT title AS "标题" , time AS "发布日期", deptcode AS "部门号"
FROM tb_news
WHERE deptcode IS NULL;
```

上述语句的执行结果如图 6-13 所示。

标题	发布日期	部门号
行业委员会工作会议在京召开	2013-02-24 00:00:00	NULL

图6-13　空值查询

6.1.3　使用ORDER BY查询排序

1. ORDER BY 子句语法

如果有 ORDER BY 子句，将按照排序列名 column_name1[, column_name2[, ...]] 进行排序，其结果表还要按选项的值升序（ASC）或降序（DESC）排列。具体语法如下：

```
ORDER BY column_name1[ASC | DESC][, column_name[ASC | DESC][, ...]]
```

ORDER BY 是一个可选的子句，可以根据指定列的上升或者下降的顺序来显示查询的结果。例如，ASC(Ascending Order) 表示按升序排列，这个是默认的；DESC(Descending Order) 表示按降序排列。

使用 ORDER BY 子句排序查询结果对指定结果集中记录的排列时，ORDER BY 子句通常出现在查询语句的最后。

2. ORDER BY 应用实例

为了加深对 ORDER BY 子句的理解和使用，这里举几个例子进行说明。

【示例 6.12】查询新闻表中的记录，按发布日期从新到旧进行排序。

我们先来分析一下，这里排序的对象是发布日期，即列“time”，日期从新到旧，即从大到小，也就是降序，所以使用 DESC 选项。

经过以上分析后，结合前面所学的查询语句，可以编写出相应的 SQL 语句。

```
SELECT time AS "发布日期",title AS "标题",inputer AS "发布者"
FROM tb_news
ORDER BY time DESC;
```

上述语句的执行结果如图 6-14 所示。

发布日期	标题	发布者
2013-12-01 00:00:00	12月最新招聘信息	u1002
2013-10-28 00:00:00	我公司最新工程顺利完工	u1002
2013-08-14 00:00:00	我公司将推出新一代产品	u1002
2013-02-24 00:00:00	行业委员会工作会议在京召开	u1003
2012-04-15 00:00:00	市领导莅临我公司参观指导	u1001

图6-14　按日期排序运行结果

【示例 6.13】查询用户表中的记录，按部门名称进行排序。

有了示例 6.12 的基础，要完成本示例的任务并不复杂，首先要搞清楚的就是部门表 tb_dept 及要进行排序的列名 deptcode，然后就可以开始写 SQL 语句了。

```
SELECT  *
FROM  tb_dept
ORDER BY  deptname ;
```

要注意的是，中文的排序是按中文字的全拼，再按字典的先后顺序进行排序的，所以“人力资源管理”（拼音 R 开头）排在“纳税筹划”（拼音 N 开头）后面，如图 6-15 所示。

deptcode	deptname	deptflag	deptup	deptlevel
d2012	纳税筹划	显示	d2001	2
d1001	人力资源管理	显示	d1001	1
d5008	市场扩展部	隐藏	d5001	2
d5001	市场部	显示	d5001	1
d4013	研发测试	显示	d4001	2
d2001	财务部	显示	d2001	1
d5006	策划品牌渠道	隐藏	d5001	2
d3002	广告设计	显示	d3001	2
d4001	技术支持部	显示	d4001	1
d3001	信息部	显示	d3001	1

图6-15　按名字排序的运行结果

【示例 6.14】查询用户表中的记录，按发布者和发布日期进行排序，要求发布者为升序，发布日期为降序。

此示例要完成的任务里包含两个排序列名，分别是发布者和发布日期，而且升降序排序选项不一样。对于这样的要求，看似复杂，但只要掌握好方法，就会变得很简单。

首先，找出相应的列名：inputer ,time。

然后，接顺序写上列名及排序选项 , 并用逗号隔开：inputer ASC,time DESC。

最后，编写完整的 SQL 语句：

```
SELECT time AS "发布日期",title AS "标题",inputer AS "发布者"
FROM tb_news
ORDER BY inputer ASC ,  time DESC
```

6.1.4 使用GROUP BY子句分组查询

1．GROUP BY 子句语法

GROUP BY 子句将查询结果按分组选项的值（group_by_expression）进行分组，该属性列相等的记录为一个组。通常，在每组中通过集合函数来计算一个或者多个列。如果GROUP 子句带有 HAVING 短语，则只有满足指定条件（search_condition）的组才能输出。

HAVING 子句为每一个组指定条件。换句话说，使用 GROUP BY 子句时，还可以用HAVING 子句为分组统计进一步设置统计条件，限制 SELECT 语句返回的行数。HAVING子句与 GROUP BY 子句的关系类似于 WHERE 子句与 SELECT 子句的关系。例如：

```
SELECT column_name1, column_name2 [,...n]
FROM table_name
WHERE search_condition
GROUP BY group_by_expression
HAVING search_condition
```

注意：HAVING 子句应该处在 GROUP BY 子句之后，并且在 HAVING 子句中不能使用text、image 和 ntext 数据类型。

2．GROUP BY 子句应用实例

为了加深对 GROUP BY 子句的理解和使用，这里举几个例子进行说明。

【示例 6.15】统计各部门的员工人数。

要统计各部门的员工人数，就是要对员工（用户）表进行记录计数，不是总数，而是分部门的小计数，即分组，正好可以使用 GROUP BY 语句。因为要按部门分，所以就用“GROUP BY”＋“部门列”形式。

```
SELECT  *  FROM  tb_user;       --观察并记下部门编号的列名：deptcode
SELECT  deptcode , COUNT(*)
FROM  tb_user
GROUP BY  deptcode ;
```

执行代码第二条语句，得到如图 6-16 所示的结果。

deptcode	count(*)
d1001	3
d3001	1
d4013	1
d5001	1
d5008	1

图6-16　分组查询的运行结果

【示例 6.16】统计各部门各新闻类别的新闻条数。

这个任务比上述示例增加了一个分类项目，即按部门＋新闻类别进行分类，并按此分类分别统计新闻条数。遇到多个分类条件的情况时，在 GROUP BY 后列出分类的列名，各列之间用逗号分隔。

```
SELECT  *  FROM  tb_news;      --观察并记下相关列名：deptcode,tid
SELECT  deptcode , tid ,  COUNT(*)
FROM  tb_news
GROUP BY  deptcode ,tid;
```

执行代码第二条语句，得到如图 6-17 所示的结果。

deptcode	tid	count(*)
d1001	t6004	1
d1001	t6006	1
d3001	t1001	2
d3001	t4004	2
d5006	t1001	1
d5006	t1002	1
d5006	t5005	2

图6-17 示例6.16的运行结果

【示例 6.17】统计各用户发布的新闻条数，要求发布数量大于 2。

这个任务有点类似示例 6.16，但增加了一个条件，即数量大于 2。这里的条件要求是对统计结果进行筛选，而不是对表记录进行筛选，所以必须使用 HAVING 子句，而不是用 WHERE 子句。即：GROUP BY 分类列名，HAVING COUNT(*) > 2。

```
SELECT  inputer,COUNT(*)
FROM  tb_news
GROUP BY inputer;          --观察不加筛选条件时的执行情况

SELECT  inputer,COUNT(*)
FROM  tb_news
GROUP BY inputer
HAVING COUNT(*)>2           --加上筛选条件，比较执行结果，确认代码的正确性
```

执行代码第二条语句，得到如图 6-18 所示的结果。

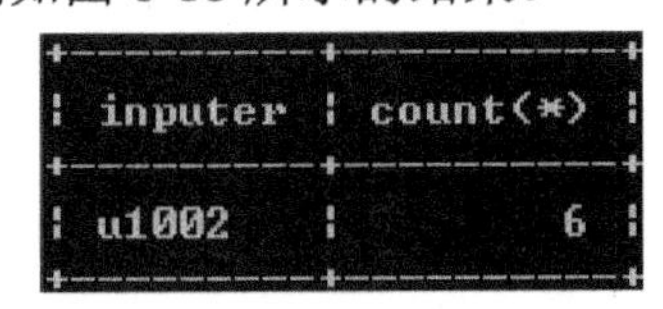

inputer	count(*)
u1002	6

图6-18 示例6.17的运行结果

6.1.5 使用LIMIT子句

查询数据时，可能会查询出很多记录，而用户需要的可能只是很少一部分，这样就需要限制查询结果的数量。LIMIT 是 MySQL 的一个特殊关键字，可以用来指定查询结果从哪条记录开始显示，还可以指定共显示多少条记录。LIMIT 语句的语法格式如下：

```
LIMIT {[offset,] row_count | row_count OFFSET offset}
```

其中，offset 和 row_count 必须是非负的整数常数，offset 指返回的第一行的偏移量，row_count 是返回的行数。例如 4,6，则表示第 5 行开始返回 6 行。值得注意的是，初始行的偏移量是 0 而不是 1。

【示例 6.18】查找新闻表中最靠前的 3 条新闻的标题和时间。

```
SELECT  title AS "标题",time AS "发布日期"
```

```
FROM  tb_news
ORDER BY time
LIMIT 3;
```

执行代码得到如图 6-19 所示的结果。

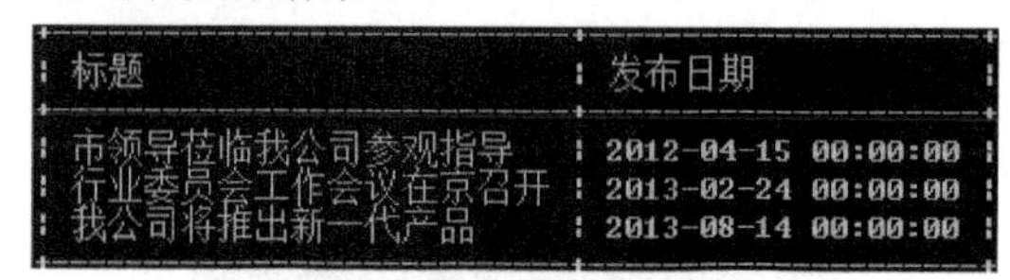

标题	发布日期
市领导莅临我公司参观指导	2012-04-15 00:00:00
行业委员会工作会议在京召开	2013-02-24 00:00:00
我公司将推出新一代产品	2013-08-14 00:00:00

图6-19　查询指定记录数

【示例 6.19】查找新闻表中从第 3 条记录开始的 3 条记录的标题和时间。

```
SELECT  title AS "标题",time AS "发布日期"
FROM  tb_news
ORDER BY time
LIMIT 2, 3;
```

执行代码得到如图 6-20 所示的结果。

标题	发布日期
我公司将推出新一代产品	2013-08-14 00:00:00
我公司最新工程顺利完工	2013-10-28 00:00:00
12月最新招聘信息	2013-12-01 00:00:00

图6-20　查询指定记录

6.2　多表连接查询

对新闻发布系统的查询往往比较复杂，从单个表中已经不能满足查询要求，必须从多个表中才能满足查询要求。这时就要利用连接查询语句从多个数据表进行复杂查询，完成查询任务。

6.2.1　内连接

1. 内连接语法

内连接用于把两个表连接成第三个表，在第三个表中仅包含那些满足连接条件的记录行。

语法格式：

```
SELECT 表名.列名,表名.列名,…
FROM {表名 INNER JOIN 表名2 ON <连接条件>}
WHERE <检索条件>
```

要进行连接的表必须有可以相互连接的列，如部门表中的部门代码和用户表中的部门代码就是可以作为连接的列。

内连接也可以写成以下形式：

```
SELECT 表1.列1,表2.列…
FROM  表1,表2
WHERE 表1.列=表2.列
```

2．内连接应用实例

为了加深对内连接的理解和使用，下面举例进行说明。

【示例 6.20】要求列出用户花名册，内容包括部门编号、部门名称、用户编号、用户姓名、用户角色。

任务要求列出的内容不是来自于一张表，而是两张表，这两张表有个相同的列，就是部门编码 deptcode，这两个列可以将两张表连接起来，构成内连接。为了方便引用，在编写 SQL 语句时，通常为每个要查询的表起个别名，这里用 D 表示表 tb_dept，用 U 表示表 tb_user，编写 SQL 语句如下：

```
SELECT  D.deptcode,D.deptname,U.uid,U.username,U.lever
FROM tb_dept  D  INNER JOIN tb_user  U
ON D.deptcode=U.deptcode
```

也可以使用 WHERE 子句写成以下形式：

```
SELECT  D.deptcode,D.deptname,U.uid,U.username,U.lever
FROM tb_dept  D, tb_user  U
WHERE D.deptcode=U.deptcode
```

两种形式的查询结果是一致的，如图 6-21 所示。

deptcode	deptname	uid	username
d1001	人力资源管理	u1001	张小明
d1001	人力资源管理	u1002	李华
d1001	人力资源管理	u1003	李小红
d3001	信息部	u1004	张天浩
d5001	市场部	u1005	李浩
d5008	市场扩展部	u1006	黄维
d4013	研发测试	u1007	余明杰

图6-21　内连接的运行结果

6.2.2　外连接

1．外连接简介

外连接查询只限制其中一个表的行，而不限制另外一个表中的行。外连接分为左外连接、右外连接和全外连接 3 种，外连接只能用于两个表中。

- LEFT OUTER JOIN：包括了左表中的全部行。
- RIGHT OUTER JOIN：包括了右表中的全部行。
- FULL OUTER JOIN：包括了左表和右表中所有不满足条件的行。

外连接的几点说明：

（1）左外连接合并两个表中满足连接条件的行加上在 JOIN 子句中指定的左表中不满足条件的行。

（2）不满足连接条件的行在结果集中显示 NULL。

（3）全外连接中，参加连接的两个表中的每一条记录都与另一个表中的每一条记录连接，其结果集的实记录数是两张表记录数的积。

（4）左右表是相对的，在语句中先出现的表称为左表，后出现的表称为右表。

2．外连接应用实例

下面通过 3 个实例，分别实现左外连接、右外连接和全外连接。请读者注意观察执行结果，仔细体会它们之间的区别。

【示例 6.21】利用左外连接，查询用户发布新闻的情况，包括用户名、新闻标题。

要查询用户发布新闻的情况，如果采用内连接查询，那么，只有发布过新闻的用户才会在查询结果中显示出来，而采用左外连接查询，则会显示全部用户。如果某个用户没有发布过新闻，则新闻标题显示为空值。

```
SELECT u.username,n.title
FROM  tb_User u LEFT OUTER JOIN tb_News n ON u.uid=n.inputer;
```

执行代码，得到如图 6-22 所示的结果。

username	title
张小明	市领导莅临我公司参观指导
李华	我公司最新工程顺利完工
李华	我公司将推出新一代产品
李华	12月最新招聘信息
李小红	行业委员会工作会议在京召开
张天浩	NULL
李洁	NULL
黄维	NULL
余明杰	NULL

图6-22　左外连接的运行结果

思考与练习

如果将新闻表放在左边，查询结果有什么变化？查询的意义是什么？

【示例 6.22】利用右外连接，查询部门发布新闻的情况，包括标题、部门名称。

要查询的情况跟示例 6.21 相似，但这里采用的是右外连接查询，查询结果会显示右边的表，即部门表的所有记录。如果某个部门没有新闻，则显示空值。

```
SELECT n.title,d.deptname
FROM  tb_News n RIGHT OUTER JOIN tb_dept d ON n.deptcode=d.deptcode;
```

执行代码得到如图 6-23 所示的结果。

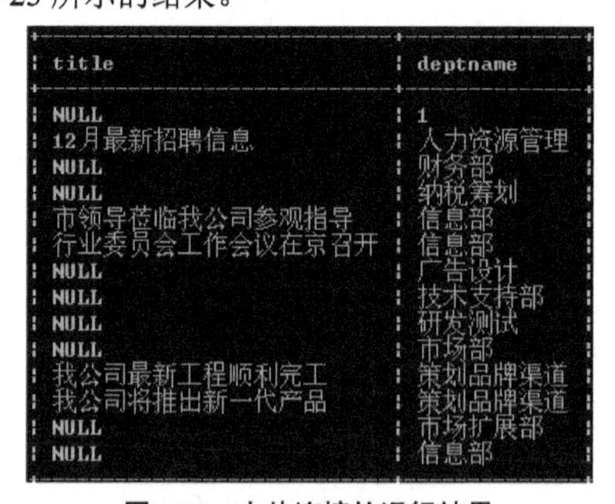

title	deptname
NULL	1
12月最新招聘信息	人力资源管理
NULL	财务部
NULL	纳税筹划
市领导莅临我公司参观指导	信息部
行业委员会工作会议在京召开	信息部
NULL	广告设计
NULL	技术支持部
NULL	研发测试
NULL	市场部
我公司最新工程顺利完工	策划品牌渠道
我公司将推出新一代产品	策划品牌渠道
NULL	市场扩展部
NULL	信息部

图6-23　右外连接的运行结果

【示例 6.23】利用全外连接，查询部门员工情况，包括部门名称、员工姓名。

全外连接查询，其实就是一张表中的每一条记录跟连接中的另一张表的每一条记录都匹配一遍，所以查询结果的记录数是两张连接表的记录数的乘积。

编写并调试代码。全外连接不分左右，所以表的位置对查询结果没有影响。由于MySQL 不支持全外连接，所以用不加 WHERE 子句的查询代替。

```
SELECT d.deptname,u.username
FROM tb_dept d , tb_user u ;
```

执行代码，可以看到，结果集的记录数为两张表记录数的积，如图 6-24 所示（部分数据）。

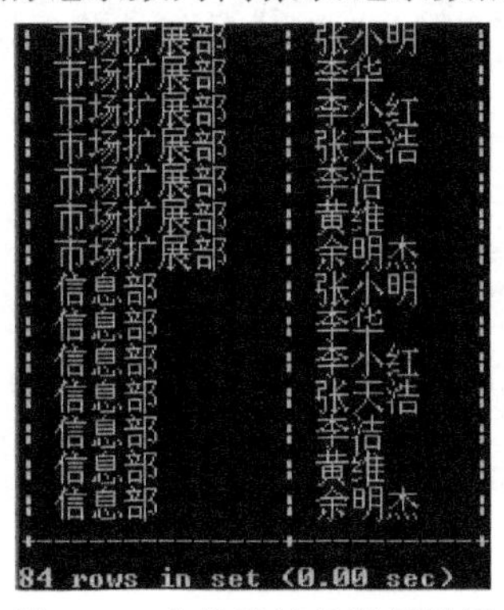

市场扩展部	张小明
市场扩展部	李华
市场扩展部	李小红
市场扩展部	张天浩
市场扩展部	李浩
市场扩展部	黄维
市场扩展部	余明杰
信息部	张小明
信息部	李华
信息部	李小红
信息部	张天浩
信息部	李浩
信息部	黄维
信息部	余明杰

84 rows in set (0.00 sec)

图6-24 全外连接的运行结果

6.2.3 自连接

自连接就是把某一个表中的行同该表中的另外一些行连接起来，主要用于查询比较相同的信息。也就是用一个表起用两个不同的别名，然后进行连接。

注：(1) 指定表别名引用表的两个副本。

(2) 在创建自连接时，每一行匹配它自己，有成对的重复出现，导致重复行。可以使用 WHERE 子句清除这些重复行。

【示例 6.24】使用自连接，将员工表的男性与每一个女性进行比较，并求出年龄差。

这是一个典型的使用自连接的例子，就是将一个表中符合某一条件的行与同一个表中另外一些行进行比较，连接条件是性别不同。由于员工表中没有性别列，所以新建一个表 tb_user2。

```
CREATE TABLE tb_user2
(
uid char(10) null primary key,      --ID
username nvarchar(20) not null,   -- 姓名
usersex char(2) ,                 -- 性别
userage int                     -- 年龄
)
```

向该表插入下列数据：

```
insert into tb_user2(uid,username,usersex,userage) values
('u1001', '张小明', '男',30),
('u1002', '李华',   '男',34),
('u1003', '李小红', '女',32),
```

```
('u1004', '张天浩', '男',40),
('u1005', '李洁',   '女',29),
('u1006', '黄维',  '女' ,33),
('u1007', '余明杰', '男',25);
```

编写并调试代码。

```
SELECT m.username,m.usersex,g.username,g.usersex,g.userage-m.userage
FROM  tb_user2 g INNER JOIN tb_user2 m ON g.usersex<>m.usersex;
```

执行代码，得到如图6-25所示的结果（部分数据）。

username	usersex	username	usersex	g.userage-m.userage
张小明	男	李小红	女	2
张小明	男	李浩	女	-1
张小明	男	黄维	女	3
李华	男	李小红	女	-2
李华	男	李浩	女	-5
李华	男	黄维	女	-1
李小红	女	张小明	男	-2
李小红	女	李华	男	2
李小红	女	张天浩	男	8
李小红	女	余明杰	男	-7

图6-25　自连接的运行结果

思考与练习

如何在该表中求出一个男性员工比一个女性员工年龄相差2～4岁（男比女的大2～4岁）？

6.3　嵌套查询

对于信息系统的查询，除了要用到简单查询和连接查询之外，往往还要用到嵌套查询，本节介绍嵌套查询及其应用。

6.3.1　嵌套查询概述

一个SELECT-FROM-WHERE语句称为一个查询块。有时一个查询块无法完成查询任务，需要一个子查询块的结果作为另一个主查询块的条件。将一个查询块嵌套在另一个查询块的条件子句中的查询称为嵌套查询。嵌套查询允许多层嵌套，即子查询还可以嵌套子查询。嵌套查询有两种类型。

- 单值嵌套：只返回一个值的子查询。
- 多值嵌套：返回多个值的子查询。

注：子查询必须使用括号()括起来。

6.3.2　单值嵌套

单值嵌套，顾名思义，就是子查询返回一个值。观察下面两个查询语句及其执行结果，可以体会到单值嵌套查询的含义。

```
语句 1  SELECT * FROM tb_news WHERE tid='t1001';
语句 2  SELECT * FROM tb_news WHERE tid=(SELECT tid FROM tb_newstype
WHERE  typename=' 企业新闻 ');
```

语句 1 是一个简单查询，查出新闻类别编号为“t1001”的新闻；语句 2 是一个单值嵌套查询，因为其子查询只返回一个值（即企业新闻的编号）。该语句除了用“=”运算符之外，还可以使用其他关系运算符，如 >、<> 等，只要符合逻辑即可。

【示例 6.25】利用单值嵌套查询列出张小明所发布的新闻清单，包含发布时间、标题、审核人、点击数。

新闻表中只包含发布者的编号，而没有发布者姓名，所以必须从用户表中查出张小明的编号，再根据此编号查询张小明所发布的新闻情况，这是典型的单值嵌套查询。

```
SELECT n.time,n.title,n.chkuser,n.hits
FROM Tb_News n
WHERE inputer =( SELECT uid FROM Tb_User WHERE username=' 张小明 ');
```

执行语句，得到如图 6-26 所示的结果。

time	title	chkuser	hits
2012-04-15 00:00:00	市领导莅临我公司参观指导	u1001	100

图6-26　单值嵌套查询

6.3.3　多值嵌套

多值嵌套查询是指子查询语句中包含多个值。请来看看下面的语句：

```
语句 1  SELECT * FROM Tb_News where tid='t1001' or tid='t2002';
```

该语句的功能是查询“t1001”和“t2002”的新闻，子查询语句中包含两个值，将其改为多值嵌套查询语句如下：

```
语句 2
SELECT *
FROM tb_news
WHERE tid IN (SELECT tid FROM Tb_newstype
WHERE typename=' 企业新闻 ' or typename=' 企业文化 ');
```

这就是多值嵌套查询，它一般会使用“IN”或“NOT IN ”运算符，表示属于或不属于的意思。

【示例 6.26】利用多值嵌套查询列出信息部和人力资源管理部所发布的新闻情况，包含发布时间、标题、审核人、点击数。

要查询的新闻来自于两个部门，属于多值。由于新闻表中没有部门名称，只有部门编号，部门名称来源于部门表，所以必须从部门表中查出这些部门的编号，再根据这些编号查出所需要的新闻，这就需要使用多值嵌套。

```
SELECT n.time,n.title,n.chkuser,n.hits
FROM tb_news n
WHERE deptcode IN
(SELECT deptcode FROM tb_dept WHERE deptname IN (' 信息部 ',' 人力资源管理 '));
```

执行代码，得到如图 6-27 所示的结果。

```
+---------------------+--------------------------------+---------+------+
| time                | title                          | chkuser | hits |
+---------------------+--------------------------------+---------+------+
| 2012-04-15 00:00:00 | 市领导莅临我公司参观指导       | u1001   |  100 |
| 2013-12-01 00:00:00 | 12月最新招聘信息               | u1001   |  500 |
| 2013-02-24 00:00:00 | 行业委员会工作会议在京召开     | u1001   |  200 |
+---------------------+--------------------------------+---------+------+
3 rows in set (0.00 sec)
```

图6-27　多值嵌套查询

思考与练习

查询信息部李小红所发布的新闻情况，包含发布时间、标题、审核人、点击数。

6.3.4　[NOT] EXISTS子查询

在嵌套查询中，常会用到 EXISTS（或 NOT EXISTS ）运算符，它表示一个子查询是否存在。如果子查询能返回至少一行，则表示子查询存在，返回“True”值；否则表示子查询不存在，返回“False”值。

由 EXISTS 引出的子查询，其目标列表达式通常都用“*”表示，因为它往往只关心是否返回值，而不关心返回什么值。

【示例 6.27】如果李华发布了新闻，则列出李华的全部信息。

这是典型的适合使用 EXISTS 的例子。一般情况下，类似“如果……则……”都可以使用EXISTS关键字。我们必须先找出李华这个人的编号，再查找这个用户编号是否发布过新闻，如果找到，则列出李华的详细信息。

（1）查出李华的编号。

```
SELECT uid
FROM tb_user
WHERE username='李华';
```

（2）查找该编号发布的新闻。

```
SELECT *
FROM tb_news
WHERE inputer=( SELECT uid FROM tb_user WHERE username='李华');
```

（3）加上 EXISTS 关键字，并查出李华的详细信息。

```
SELECT *
FROM tb_user
WHERE username='李华'  AND  exists
(SELECT * FROM tb_news WHERE
inputer=( SELECT uid FROM tb_user WHERE username='李华'));
```

执行以上语句，得到如图 6-28 所示的结果。

```
+-------+----------+-----------------+------------+
| uid   | username | email           | lever      |
+-------+----------+-----------------+------------+
| u1002 | 李华     | lihua@163.com   | 普通管理员 |
+-------+----------+-----------------+------------+
1 row in set (0.00 sec)
```

图6-28　EXISTS子查询

思考与练习

如果信息部发布了新闻，则列出该部门的详细情况。

6.4 视图

6.4.1 视图的概念与特点

1. 视图的概念

1）视图概述

视图被看成是虚拟表，并不表示任何物理数据，只是用来查看数据的视窗而已。视图与真正的数据表很类似，也是由一组命名的列和数据行所组成，其内容由查询语句所定义。但是视图并不是以一组数据的形式存储在数据库中，数据库中只存储视图的定义（SELECT 语句），即 SELECT 语句的结果集构成视图所返回的虚拟表。当数据表中的数据发生变化时，从视图中查询出来的数据也随之改变。

视图中的行和列都来自于数据表，这些数据表称为视图的基表，视图数据是在视图被引用时动态生成的。使用视图可以集中、简化和定制用户的数据表显示，用户可以通过视图来访问数据，而不必直接去访问该视图的数据表。

2）视图的作用

（1）将用户限定在数据表中的特定行上。例如，只允许部门经理查看本部门的员工信息。

（2）将用户限定在特定列上。例如，可以让用户查看新闻的内容，但不允许用户查看新闻的发布者名字。

（3）将多个表中的列连接起来，使它们看起来像一个表，更多的是采用连接查询，用于报表的制作。

（4）聚合信息而非提供详细信息。例如，显示一个列的和，或者列的最大值和最小值。

视图由视图名和视图定义两部分组成。视图是从一个或几个表通过查询语句定义出来的表，它实际上是一个查询结果，视图的名字和视图对应的查询存放在数据库中。在数据库中视图对应的数据没有单独存放，这些数据仍存放在导出视图的表中。

2. 视图的特点

1）优点

(1)数据保密。对不同的用户定义不同的视图，使用户只能看到与自己有关的数据。例如，对新闻表（tb_news）创建了某发布者名字的视图，用户看到的就只有该发布者发布的新闻列表信息。

（2）简化查询操作。为复杂的查询建立一个视图，用户不必输入复杂的查询语句，只需针对此视图作简单的查询即可。

（3）保证数据的逻辑独立性。对于视图的操作，例如查询，只依赖于视图的定义。当构成视图的数据表要修改时，只需修改视图定义中的子查询部分，而基于视图的查询不用改变。

2）缺点

当更新视图中的数据时，实际上是对数据表的数据进行更新。事实上，当从视图中插入或者删除时，情况也是这样。然而，某些视图是不能更新数据的，这些视图有如下的特征：

（1）有 UNION 等集合操作符的视图。

（2）有 GROUP BY 子句的视图。

（3）有诸如 AVG、SUM 或者 MAX 等函数的视图。

（4）使用 DISTINCT 短语的视图。

（5）连接表的视图（其中有一些例外）。

3. 视图的创建方法

创建 MySQL 视图，使用 CREATE VIEW 语句，其语法格式如下：

```
CREATE [OR REPLACE] [ALGORITHM = {UNDEFINED | MERGE | TEMPTABLE}]
VIEW view_name [(column_list)]
AS select_statement
[WITH [CASCADED | LOCAL | CHECK OPTION]
```

若指定了 [REPLACE] 参数，则表示如果存在同名的视图，则覆盖原来的视图。[ALGORITHM] 表示视图选择的算法；UNDEFINED 表示 MySQL 自动选择算法；MERGE 表示将使用视图的语句与视图定义合并，使视图的定义部分取代语句的对应部分；TEMPTABLE 表示视图的结构保存到临时表，然后使用临时表执行语句。[CASCADED] 表示更新视图时要满足所有相关视图和表的条件，[LOCAL] 表示更新视图时满足该视图本身定义的条件即可，[CHECK OPTION] 则表示更新视图时要保证在该视图的权限范围之内。

其中组成视图的列名（column_name）要么全部省略要么全部指定，没有第三种选择。如果省略了视图的列名，则隐含该视图由 SELECT_statement 子句中结果集的列名组成。但在下列 3 种情况下必须明确指定组成视图的所有列名：

（1）当视图的列名为表达式或聚合函数的计算结果，而不是单纯的列名时，则需指明新的列名。在 SELECT_statement 子句中不许使用 ORDER BY 子句和 DISTINCT 短语，如果需要排序，则可在视图定义后，对视图查询时再进行排序。

（2）视图由多个表连接得到，在不同的表中存在同名列，则需要指定列名。

（3）需要在视图中为某个列启用更合适的名字。

【示例 6.28】创建普通用户的视图。

用户表中有普通用户和管理员用户之分，现为了方便查询，需要建立一个普通用户的视图。首先需要一个查询语句，将普通用户的记录找出来，然后再建立视图。这里创建的视图包括用户 ID、用户名和电子邮件 3 个列。

查询语句为：

```
SELECT uid,username,email
FROM tb_user
WHERE lever='普通用户' ;
```

确认查询语句无误后，再创建视图，将视图命名为 Tv_CommUser，语句为：

```
CREATE VIEW Tv_CommUser AS
SELECT uid,username,email FROM tb_user WHERE lever='普通用户' ;
```

以后需要查询管理员用户，只需要像查询表一样对视图执行查询语句就可以了，即：

```
SELECT * FROM Tv_CommUser ;
```

执行结果如图 6-29 所示。

uid	username	email
u1004	张天浩	tianhao@126.com
u1005	李洁	lijie@163.com
u1006	黄维	huangwei@163.com
u1007	余明杰	mingjie@126.com

4 rows in set (0.00 sec)

图6-29　查询视图结果

【示例 6.29】创建二级部门的视图，使用 Check Option 选项，并在使用该选项前后插入一条一级部门的记录，观察发生的情况。

创建视图的 SQL 语句如下：

```
CREATE VIEW tv_dept_1 AS
SELECT * FROM tb_dept WHERE deptlevel=2;
```

如图 6-30 所示是该视图的情况。

mysql> select *from tv_dept_1;

deptcode	deptname	deptflag	deptup	deptlevel
d2012	纳税筹划	显示	d2001	2
d3002	广告设计	显示	d3001	2
d4013	研发测试	显示	d4001	2
d5006	策划品牌渠道	隐藏	d5001	2
d5008	市场扩展部	隐藏	d5001	2

5 rows in set (0.01 sec)

图6-30　查询视图

接下来向该视图插入一条一级部门的记录，结果证明是可以插入成功的。

```
INSERT INTO tv_dept_1 VALUES('d6001','信息部','显示','d6001',1) ;
Query OK, 1 row affected (0.01 sec)
```

接下来使用 Check Option 选项来创建视图，语句如下：

```
CREATE VIEW tv_dept_1 AS
SELECT * FROM tb_dept WHERE deptlevel=2 With Check Option;
```

接下来再尝试向该视图插入一条一级部门的记录，结果如下：

```
INSERT INTO tv_dept_1 VALUES('d6001','信息部','显示','d6001',1) ;
ERROR 1369 (HY000): CHECK OPTION failed 'cms.tv_dept_1'
```

运行结果证明，加上 Check Option 选项以后，不能向该视图插入非二级部门的记录。

6.4.2 视图应用实例

1．某个月发布的新闻视图

1）任务描述

公司的文化部门每个月都要统计新闻的发布情况，如列出某个月发布的新闻清单，由于每个月都要完成这一工作，所以可以通过视图来完成这一任务，以简化查询复杂度，提高效率。

2）任务分解

要完成这一任务，可先设想一下工作情境。一般来说，应该是在月初来完成这一任务，而且需要的是上个月的新闻清单。将这一任务进行如下分解：

（1）求出当前日期上一月份的年份和月份。

（2）查询对应年份和月份的新闻情况。

（3）将查询语句固定下来，即创建视图。

（4）验证视图的正确性。

3）操作步骤

（1）当前日期使用系统函数 Curdate()，该函数返回当前系统日期，此日期的上个月要用到另一个日期函数 Date_ADD()，对应脚本为 Date_ADD(Curdate(),INTERVAL -1 Month)，对应当前日期的上一个月的年份和月份分别为：

```
Year(Date_ADD(Curdate(),INTERVAL -1 Month))
Month(Date_ADD(Curdate(),INTERVAL -1 Month))
```

（2）查询对应年份和月份的新闻情况。

在（1）的基础上，可以很容易得到如下的 SQL 脚本：

```
SELECT *
FROM tb_news
WHERE Year(time)=Year(Date_ADD(Curdate(),INTERVAL -1 Month))
and Month(time)= Month(Date_ADD(Curdate(),INTERVAL -1 Month));
```

（3）将查询语句固定下来，即创建视图。

```
CREATE VIEW Tv_Month_News  AS SELECT * FROM tb_news
WHERE Year(time)=Year(Date_ADD(Curdate(),INTERVAL -1 Month))
and Month(time)= Month(Date_ADD(Curdate(),INTERVAL -1 Month));
```

（4）验证视图的正确性。

4）任务成果

任何时候，只要执行以下对视图的查询，即可查到上个月发布的新闻情况。

```
SELECT * FROM Tv_Month_News;
```

2．创建按月份统计的各新闻类别新闻数量的视图

1）任务描述

公司经常要按新闻类别逐月统计各个类别的新闻数量，当然可以用查询来完成这一任务，但如果用视图来实现这一功能，将给使用者带来更多的方便。

2）任务分解

要完成这一任务，可以分解为以下子任务：

（1）对于新闻表 tb_news，求出各个月份各新闻类别的数量。

（2）将新闻表 tb_news 与新闻类别表 tb_newstype 进行连接，将新闻类别编号换成新闻类别名称。

（3）对查询结果按年份、月份进行排序。

（4）根据查询语句创建视图。

3）操作步骤

（1）对于新闻表 tb_news，求出各个月份各新闻类别的数量。

```
SELECT year(time),month(time),count(title)
FROM tb_news
GROUP BY year(time),month(time);
```

（2）将新闻表 tb_news 与新闻类别表 tb_newstype 进行连接，将新闻类别编号换成新闻类别名称。

```
SELECT year(time),month(time),t.typename,count(title)
FROM tb_news n,tb_newstype t
WHERE n.tid=t.tid
GROUP BY year(time),month(time),t.typename;
```

（3）对查询结果按年份、月份进行排序。

```
SELECT year(time),month(time),t.typename,count(title)
FROM tb_news n,tb_newstype t
WHERE n.tid=t.tid
GROUP BY year(time),month(time),t.typename
ORDER BY year(time),month(time);
```

（4）根据查询语句创建视图。

```
CREATE VIEW Tv_Month_News_Sum AS
SELECT year(time),month(time),t.typename,count(title)
FROM tb_news n,tb_newstype t
WHERE n.tid=t.tid
GROUP BY year(time),month(time),t.typename
ORDER BY year(time),month(time);
```

4）任务成果

通过对视图的查询，完成本任务，结果如图 6-31 所示。

```
SELECT *
FROM Tv_Month_News_Sum;
```

year(time)	month(time)	typename	count(title)
2012	4	企业新闻	1
2013	2	市场简讯	1
2013	8	最新产品	1
2013	10	企业新闻	1
2013	12	人事招聘	1

图6-31　按月份统计的各新闻类别新闻数量的视图

6.4.3 管理视图

1. 查看视图

1）查看视图的基本情况

可以使用 Show table status 语句查看视图的基本情况。

【示例 6.30】查看视图名字以“Tv_d”开头的视图基本情况。

执行以下语句：

```
SHOW TABLE status LIKE 'Tv_d%';
```

得到如图 6-32 所示的结果。

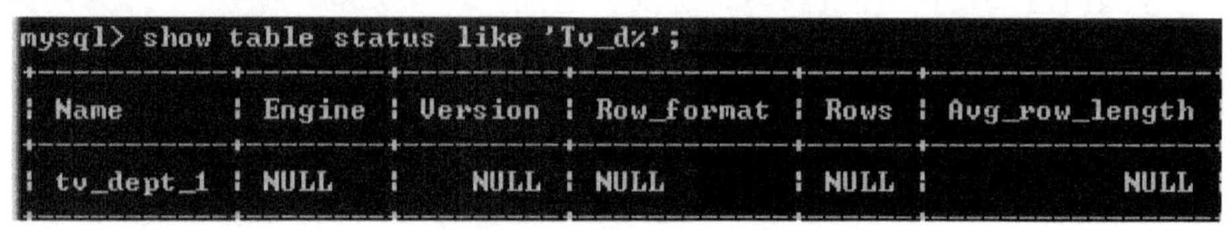

mysql> show table status like 'Tv_d%';

Name	Engine	Version	Row_format	Rows	Avg_row_length
tv_dept_1	NULL	NULL	NULL	NULL	NULL

图6-32 查看视图基本情况

2）查看视图定义

视图被看作一种抽象表，因此显示视图状态的语句与显示表状态的语句相同。可以使用以下语句来查看视图的定义：

```
SHOW CREATE VIEW 视图名
```

【示例 6.31】查看已经建立的视图情况。

使用以下语句可以查看 MySQL 中已经创建的视图情况：

```
SELECT *
FROM information_schema.tables
WHERE table_type='view';
```

【示例 6.32】查看视图 Tv_Dept_1 的定义。

使用以下语句可以查看一个视图的定义：

```
SHOW CREATE VIEW Tv_Dept_1;
```

3）查看视图结构定义

还可以使用 describe 语句查看视图的结构定义。

【示例 6.33】查看视图 Tv_Dept_1 的结构定义。

```
DESCRIBE Tv_Dept_1;
```

结构如图 6-33 所示。

Field	Type	Null	Key	Default	Extra
deptcode	varchar(10)	NO		NULL	
deptname	varchar(20)	NO		NULL	
deptflag	char(4)	NO		NULL	
deptup	varchar(10)	NO		NULL	
deptlevel	int(11)	YES		NULL	

图6-33 查看视图的结构定义

2. 修改视图

像修改表一样，使用 ALTER 语句来修改已经存在的视图。

【示例 6.34】创建一个视图，列出二级部门的情况，然后使用 ALTER 语句修改为一级部门。

首先，创建视图。

```
CREATE VIEW tv_test AS
SELECT * FROM tb_dept WHERE deptlevel=2;
```

然后，对视图进行修改。

```
ALTER VIEW tv_test AS
SELECT * FROM tb_dept WHERE deptlevel=1;
```

这样，原来的视图就变成一级部门的视图了。

3. 视图的更名

视图创建之后，可以对其重新命名。在 MySQL 中，视图被当作表看待，所以对视图的重命名就像对表的重命名一样。其修改命令如下：

```
RENAME TABLE 原视图名 TO 新视图名
```

【示例 6.35】将视图 Tv_test 重命名为 Tv_Dep_1。

```
RENAME TABLE Tv_test TO Tv_Dep_1;
```

4. 视图的删除

当不再需要一个视图时，可对其进行删除操作。删除一个视图的方法与删除一个表的方法是类似的，其格式如下：

```
DROP VIEW 视图名字
```

【示例 6.36】删除视图 Tv_test。

```
DROP VIEW Tv_test;
```

实训6

【实训目的】

1. 熟练掌握查询的使用。
2. 使用查询解决实际问题。
3. 掌握视图的创建方法。
4. 掌握视图的使用。

【实训准备】

1. 创建新闻发布系统数据库。
2. 在相关数据表中插入一些记录。

【实训步骤】

1. 数据语句的使用

（1）简单查询。

①查出各用户的详细信息（包括列名：用户编号、用户姓名、用户级别、部门编号），并按部门编号进行排序。

②查出当年各月份所发布的新闻数量，并对列名使用友好的中文别名。

（2）连接查询。

①查出各用户的详细信息，包括列名：用户编号、姓名、级别、所在部门名称、电子邮箱。

②查出各部门发布的新闻信息，包括列名：发布时间、新闻标题、部门名称、新闻类别、发布人，并按部门、类别进行排序。

（3）嵌套查询。

①查出超级管理员审核的新闻情况，具体包括：审核人姓名、发布时间、新闻标题、新闻类别。

②查出信息部发布的新闻情况，包括所有列名。

③如果存在“李小红”这个用户，则查出该用户发布的新闻信息，包括所有列名。

2. 视图的使用

（1）创建“企业文化”类新闻的视图 TV_Culture。

（2）向（1）中的视图插入一条“规章制度”类的新闻，并使用查询语句验证插入情况。

（3）使用 Check Option 选项修改（1）中的视图。

（4）向（3）中的视图插入另一条“规章制度”类的新闻，并观察插入结果。

（5）将该视图重命名为 TV_QYWH。

（6）删除该视图。

课后习题6

一、填空题

1. 查询语句中，选择字段名的关键字是____________，说明数据表的关键字是____________，说明查询条件的关键字是____________。

2. 查询语句中，说明排序使用的是关键字____________，说明分组查询使用的关键字是____________。

3. 连接查询分为______和______两种，其中外连接又分为______、______、______三种。

4. ______本身并不保存数据，其数据保存在______中。

二、选择题

1. 对于连接查询，查询结果行数最多最有可能的是（　）。

A．内连接　　　　　　　　　　B．右外连接

C．左外连接　　　　　　　　　D．全外连接

2. 下面哪个不是聚合函数（　　）。

A．Getdate()　　　　　　　　B. Sum()

C．Count()　　　　　　　　　C. Max()

3. 对语句“Select * Into Tb_Admin from Tb_User where Lever like '% 管理员 %'”的作用，描述最完整的是（　）。

A．查询管理员级用户

B．将结果插入到另一个表 Tb_Admin 中

C．查询管理员级用户，并将结果插入到一个新建的表 Tb_Admin 中

D．以上结论都不对

4. 下列 SQL 语句中，哪个是查询分部门分新闻类别的新闻数量（　）。

A. select deptcode,tid,count(*) from tb_news

B. select deptcode,tid,count(*) from tb_news group by deptcode

C. select deptcode,tid,count(*) from tb_neww group by tid

D. select deptcode,tid,count(*) from tb_news group by deptcode,tid

三、思考题

1.HAVING 和 WHERE 都用于指出查询条件，试说明各自的应用场合。

2. 什么数据类型可以与 LIKE 关键字一起使用？

3. 比较表和视图的区别。

4. 通过视图修改数据时应注意哪些事项？

第7章

存储过程和触发器

学习目标

存储过程可以避免开发人员重复地编写相同的SQL语句。触发器是用MySQL基本命令来触发某特定操作。本章将会学习存储过程和触发器的使用。本章的学习目标包括：

- 存储过程的概念。
- 创建存储过程。
- 使用存储过程实现复杂数据查询。
- 触发器的概念。
- 使用触发器实现数据完整性。

学习导航

在新闻分类（tb_newstype）中，主管人员发现本来已经建立的类别名没有了，同时还发现本来按照规定排好的类别顺序莫名其妙地乱套了，他问了有权限操作的几个同事，都说不知道是谁修改的。为此，该主管提出一个新的需求，希望能把对新闻分类表的各种操作记录下来，以分清责任。

本章的知识结构图如图7-1所示。

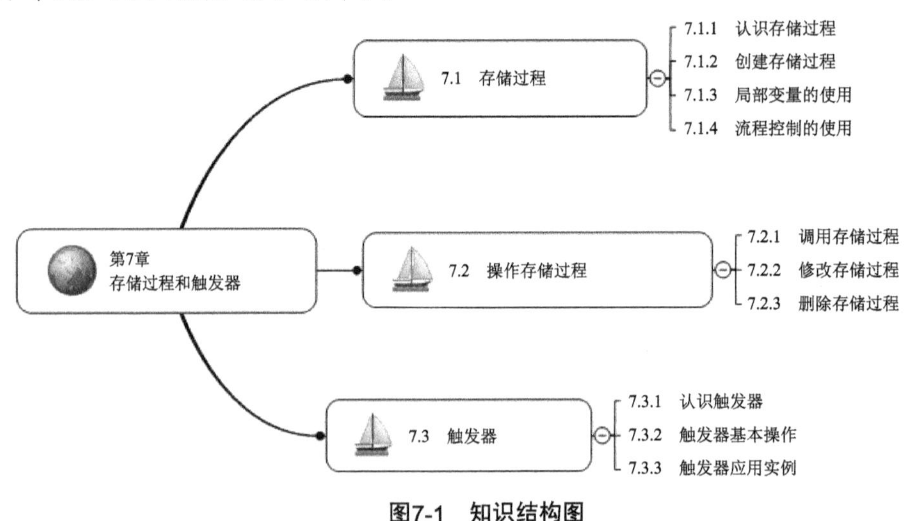

图7-1　知识结构图

7.1　存储过程

7.1.1　认识存储过程

1．存储过程简介

存储过程（Stored Procedure）是一组为了完成特定功能的 SQL 语句集，经编译后存储在数据库中。用户通过指定存储过程的名字并给出参数（如果该存储过程带有参数）来执行它。存储过程是数据库中的一个重要对象，任何一个设计良好的数据库应用程序都应该用到存储过程。

存储过程具有如下优点。

（1）增强了 SQL 语言的功能和灵活性。存储过程可以用流控制语句编写，有很强的灵活性，可以完成复杂的判断和较复杂的运算。

（2）存储过程允许标准组件是编程。存储过程被创建后，可以在程序中被多次调用，而不必重新编写该存储过程的 SQL 语句。而且数据库专业人员可以随时对存储过程进行修改，对应用程序源代码毫无影响。

（3）存储过程能实现较快的执行速度。如果某一操作包含大量的 Transaction-SQL 代码或分别被多次执行，那么存储过程要比批处理的执行速度快很多，因为存储过程是预编译的。在首次运行一个存储过程时，优化器对其进行分析优化，并且给出最终被存储在系统表中的执行计划。而批处理的 Transaction-SQL 语句在每次运行时都要进行编译和优化，速度相对要慢一些。

（4）存储过程能过减少网络流量。针对同一个数据库对象的操作（如查询、修改），如果这一操作所涉及的 Transaction-SQL 语句被组织成存储过程，那么当在客户计算机上调用该存储过程时，网络中传送的只是该调用语句，从而大大增加了网络流量并降低了网络负载。

（5）存储过程可被作为一种安全机制来充分利用。系统管理员通过对执行某一存储过程的权限进行限制，能够实现对相应数据的访问权限的限制，从而避免了非授权用户对数据的访问，保证了数据的安全。

虽然常用术语是存储过程（Stored Procedure），但 MySQL 实际上实现了两种类型，除了存储过程外，还有存储函数（Stored Routine），它们统称为存储例程。

2．存储过程参数介绍

存储过程可以接受输入参数，并把参数返回给调用方。不过，对于每个参数，需要声明其参数名、数据类型，还要指定此参数是用于向过程传递信息，还是从过程传回信息，或是二者兼有。表示参数传递信息方向共有 3 个关键字，它们的作用如表 7-1 所示。

表7-1　存储过程参数方向

参数关键字	含义	备注
IN	只用来向过程传递信息，为默认值	默认值
OUT	只用来从过程传回信息	
INOUT	可以向过程传递信息，如果值改变，则可再从过程外调用	

如果仅仅想把数据传给 MySQL 存储过程，那就使用“IN”类型参数；如果仅仅从 MySQL 存储过程返回值，那就使用“OUT”类型参数；如果需要把数据传给 MySQL 存储过程，还要经过一些计算后再传回给用户，此时，要使用“INOUT”类型参数。

对于任何声明为 OUT 或 INOUT 的参数，当调用存储过程时需要在参数名前加上 @ 符号，这样该参数就可以在过程外调用了。

7.1.2 创建存储过程

创建存储过程可以使用 CREATE PROCEDURE 语句。简单的存储过程语法结构如下：

```
CREATE PROCEDURE sp_name( [ [IN | OUT | INOUT] param_name type[,…] ] )
body
```

其中

- CREATE PROCEDURE为用来创建存储过程的关键词。
- sp_name为存储过程的名称。
- IN | OUT | INOUT为参数的类型，IN为输入参数，OUT为输出参数，INOUT为既可以表示输入参数也可以表示输出参数。
- param_name为参数的名称。
- type为参数类型，该类型可以是MySQL数据库中的任意类型。
- body为存储过程体，可以用BEGIN…END来表示SQL代码的开始和结束。

在 MySQL 中，默认的语句结束符为分号（;）。服务器处理语句的时候是以分号为结束标志的。但是在创建存储过程的时候，存储过程体中可能包含多个 SQL 语句，每个 SQL 语句都是以分号结尾的，这时服务器处理程序的时候遇到第一个分号就会认为程序结束。为了避免冲突，使用“DELIMITER //”语句改变存储过程的结束符，并以“END //”结束存储过程。存储过程定义完毕之后再使用“DELIMITER ;”语句恢复默认结束符。

【示例 7.1】下面是一个存储过程的简单例子，实现删除指定新闻的功能。

该存储过程需要一个参数，用来向存储过程指定要删除的新闻编号，所以该参数的方向是 In，即传入，语句如下。

```
DELIMITER //
CREATE PROCEDURE del_news (IN newsid char(10))
BEGIN
DELETE FROM tb_news WHERE nid=newsid;
END //
```

当创建成功时会提示“Query OK”，如图 7-2 所示。

```
mysql> DELIMITER //
mysql> CREATE PROCEDURE del_news(IN newsid char(10))
    -> BEGIN
    -> DELETE FROM tb_news WHERE nid=newsid;
    -> END //
Query OK, 0 rows affected (0.13 sec)
```

图7-2 创建存储过程

当调用这个存储过程时，MySQL 根据提供的参数 newsid（新闻编号）的值，删除对应在 tb_news 表中的记录。

7.1.3 局部变量的使用

存储过程体中可以定义和使用局部变量。用户可以使用 DECLARE 关键字来定义局部变量。在声明局部变量的同时也可以对其赋一个初始值。这些局部变量的作用范围局限在 BEGIN…END 程序段中。

1．定义局部变量

DECLARE 语法格式如下：

```
DECLARE var_name [,…] type [DEFAULT value];
```

其中，DECLARE 关键字是用来声明变量的；var_name 参数是变量的名称，这里可以同时定义多个变量；type 参数用来指定变量的类型；DEFAULT value 子句将变量默认值设置为 value，没有使用 DEFAULT 子句时，默认值为 NULL。

【示例 7.2】声明一个整型变量和两个字符变量，其中整型变量的默认值为 20。

```
DECLARE myparam INT(4) DEFAULT 20;
DECLARE mystr1,mystr2 VARCHAR(10);
```

2．为局部变量赋值

定义局部变量之后，为变量赋值可以改变变量的默认值。MySQL 中可以使用 SET 关键字来为变量赋值。SET 语句的基本语法如下：

```
SET var_name=expr [, var_name=expr]...;
```

【示例 7.3】声明 3 个整型变量，分别为 num1、num2 和 num3，使用 SET 关键字为变量赋值。

```
DECLARE num1,num2,num3 INT;
SET num1=10, num2=20;
SET num3=num1+num2;
```

3．SELECT...INTO 语句

MySQL 中还可以使用 SELECT...INTO 语句为一个或多个变量赋值。其基本语法格式如下：

```
SELECT col_name[,...] INTO var_name[,...]
FROM tb_name WHERE condition
```

其中，col_name 参数表示查询的字段名称；var_name 参数是变量的名称；tb_name 参数指表的名称；condition 参数指查询条件。

【示例 7.4】从 tb_news 表中查询 nid 为“n111”的记录，将该记录的 deptcode 值赋给变量 dcode。

```
SELECT deptcode INTO dcode
FROM tb_news WHERE nid='n111';
```

7.1.4 流程控制的使用

存储过程体可以使用各种流程控制语句。MySQL 常用的流程控制语句包括：IF 语句、CASE 语句、LOOP 语句、WHILE 语句、LEAVE 语句、ITERATE 语句和 REPEAT 语句。

1. IF 语句

IF-THEN-ELSE 语句用来进行条件判断，可根据不同的条件执行不同的操作。其语法基本形式如下：

```
IF erpr_condition THEN statement_list
[ELSEIF erpr_condition THEN statement_list]…
[ELSE statement_list]
END IF
```

其中，erpr_condition 参数表示条件判断语句；statement_list 参数表示不同条件的执行语句。如果 erpr_condition 求值为真（TRUE），则相应的 SQL 语句列表被执行；如果没有 erpr_condition 匹配，则 ELSE 子句里的语句列表被执行。

【示例 7.5】创建 cms 数据库的存储过程，比较某条新闻的点击数 hits，如果 hits 大于 500 返回 1，如果 hits 等于 500 返回 0，否则返回 -1。

```
DELIMITER //
CREATE PROCEDURE comphits(IN id CHAR(10), OUT k1 INT)
BEGIN
DECLARE num INT;
SELECT hits INTO num FROM tb_news WHERE nid=id;
IF num>500 THEN SET k1=1;
ELSEIF num=500 THEN SET k1=0;
ELSE SET k1=-1;
END IF;
END //
```

2. CASE 语句

CASE 语句也用来进行条件判断，可以实现比 IF 语句更复杂的条件判断。CASE 语句的基本形式如下：

```
CASE case_expr
WHEN when_value THEN statement_list
[WHEN when_value THEN statement_list]…
[ELSE statement_list]
END CASE
```

其中，case_expr 参数表示条件判断的变量；when_value 参数表示变量的取值；statement_list 参数表示不同 when_value 值的执行语句。

CASE 语句的第二种格式如下：

```
CASE
WHEN expr_condition THEN statement_list
[WHEN expr_condition THEN statement_list]…
[ELSE statement_list]
END CASE
```

其中，expr_condition 参数指定了一个比较表达式，表达为真时执行 THEN 后面的语句；statement_list 参数表示不同条件的执行语句。与第一种格式相比，这种格式能够实现更为复杂的条件判断，使用起来更方便。

【示例 7.6】创建 cms 数据库的存储过程，判断 tb_news 新闻表中点击数 hits 的平均值，根据不同的值返回不同的结果。

```
DELIMITER //
CREATE PROCEDURE casetest(OUT result VARCHAR(10))
BEGIN
DECLARE num INT;
SELECT AVG(hits) INTO num FROM tb_news ;
CASE
WHEN num<200 THEN SET result='访问量较少';
WHEN num=200 THEN SET result='访问量中等';
WHEN num>200 THEN SET result='访问量较多';
ELSE SET result='访问量一般';
END CASE;
END //
```

该存储过程里的 CASE 语句会对 num 的值进行对比操作，当表达式的值为 TRUE 时，则进入 THEN 对应的语句集中执行相关脚本。

3．WHILE 循环控制语句

WHILE 语句是一个带条件判断的循环过程。WHILE 首先判断条件是否为真，如果为真则执行循环体，否则退出循环。WHILE 语句的基本语法如下：

```
WHILE expr_condition DO
statement_list
END WHILE
```

其中，expr_condition 为进行判断的表达式，如果表达式结果为真，则 WHILE 语句内的语句或语句群被执行，直到 expr_condition 为假，退出循环。

【示例 7.7】在存储过程中使用 WHILE 循环语句，判断新闻表 tb_news 中某条新闻的点击数 hits，如果小于 200，则循环加 1。

```
DELIMITER //
CREATE PROCEDURE whiletest()
BEGIN
DECLARE num INT;
SELECT hits INTO num FROM tb_news WHERE nid='n111';
WHILE num<200
DO
UPDATE tb_news SET hits=hits+1 WHERE nid='n111';
SET num=num+1;
END WHILE;
END //
```

4．LOOP 循环控制语句

LOOP 语句可以使某些特定的语句重复执行，实现一个简单的循环。但是 LOOP 语句本身没有停止循环的语句，必须遇到 LEAVE 或者 ITERATE 语句跳出循环。LEAVE 语句主要用于跳出循环控制。ITERATE语句也是用来跳出循环的，但是ITERATE语句是跳出本次循环，然后直接进入下一次循环。

LOOP 语句的基本语法如下：

```
[begin_label:]LOOP
statement_list
END LOOP [end_label]
```

其中，begin_label 和 end_label 参数分别表示循环开始和结束的标志，这两个标志必须相同，而且都可以省略；statement_list 参数表示需要循环执行的语句。

【示例 7.8】在存储过程中使用 LOOP 循环语句。

```
DELIMITER //
CREATE PROCEDURE looptest()
BEGIN
DECLARE x INT DEFAULT 0;
loop_label:LOOP
SET x=x+1;
IF x<10 THEN ITERATE loop_label;
END IF;
IF x>20 THEN LEAVE loop_label;
END IF;
END LOOP loop_label;
END //
```

该示例 x=0，如果 x 的值小于 10 时，重复执行 x 加 1 操作；当 x 大于 20 时，退出循环。

5. REPEAT 语句

REPEAT 语句是有条件控制的循环语句，当满足特定条件时，就会跳出循环语句。REPEAT 语句的基本语法形式如下：

```
[begin_label:] REPEAT
statement_list
UNTIL expr_condition
END REPEAT [end_label]
```

其中，begin_label 和 end_label 参数为标注名称，该参数可以省略；REPEAT 语句内的语句或语句群被重复，直至 expr_condition 为真。

【示例 7.9】在存储过程中使用 REPEAT 语句。

```
DELIMITER //
CREATE PROCEDURE repeattest(IN x INT)
BEGIN
REPEAT
SET x=x+1;
UNTIL x MOD 12=0;
END REPEAT;
END //
```

该示例循环执行 x 加 1 的操作。当 x 求模 12 不等于 0 时，循环重复执行；当 x 求模 12 等于 0 时，使用 END REPEAT 退出循环。

7.2 操作存储过程

7.2.1 调用存储过程

前面介绍了如何创建存储过程，接下来需要调用这些存储过程。MySQL 中使用 CALL 语句来调用存储过程。调用存储过程后，数据库系统将执行存储过程中的语句，然后将结果返回给输出值。

存储过程是通过 CALL 语句来进行调用的，语法如下：

```
CALL sp_name([parameter[,…]]);
```

其中，sp_name 是存储过程的名称；parameter 是存储过程的参数。

【示例 7.10】定义一个存储过程，根据用户的编号，查询用户发表的评论数，然后调用这个存储过程。

定义存储过程：

```
DELIMITER //
CREATE PROCEDURE comm_num(IN userid CHAR(10), OUT count_num INT)
BEGIN
SELECT COUNT(*) INTO count_num FROM tb_comment WHERE uid=userid;
END //
```

调用存储过程：

```
CALL comm_num ('u1005', @n);
```

执行结果如图 7-3 所示。

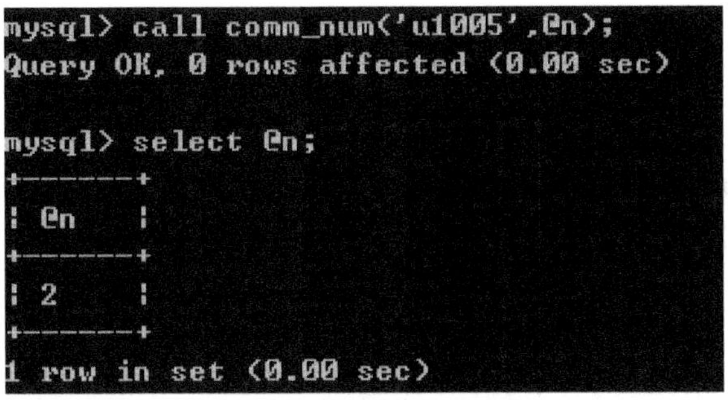

```
mysql> call comm_num('u1005',@n);
Query OK, 0 rows affected (0.00 sec)

mysql> select @n;
+------+
| @n   |
+------+
| 2    |
+------+
1 row in set (0.00 sec)
```

图7-3　调用存储过程

7.2.2 修改存储过程

修改存储过程是指修改已经定义好的存储过程。MySQL 中通过 ALTER PROCEDURE 语句来修改存储过程，具体的语法形式如下：

```
ALTER PROCEDURE sp_name [characteristic …]
```

其中，characteristic 为：

```
{CONTAINS SQL | NO SQL | READS SQL DATA | MODIFIES SQL DATA }
| SQL SECURITY | {DEFINER | INVOKER }
| COMMENT 'string'
```

参数说明如表 7-2 所示。

表7-2　参数列表

参数	说明
sp_name	存储过程的名称
characteristic	存储过程创建时的特性
CONTAINS SQL	表示子程序包含SQL语句，但不包含读/写数据的语句
NO SQL	表示子程序中不包含SQL语句
READS SQL DATA	表示子程序包含读数据的语句
MODIFIES SQL DATA	表示子程序包含写数据的语句
SQL SECURITY | {DEFINER | INVOKER }	指明权限执行。DEFINER表示只有定义者才能执行；INVOKER表示调用者可以执行
COMMENT 'string'	注释信息

【示例 7.11】修改存储过程 comm_num 的定义，将读 / 写权限改为 MODIFIES SQL DATA，并指明调用者可以执行。

```
ALTER PROCEDURE comm_num
MODIFIES SQL DATA
SQL SECURITY INVOKER;
```

7.2.3　删除存储过程

删除存储过程是指删除数据库已经存在的存储过程。MySQL 中使用 DROP PROCEDURE 语句来删除存储过程。在删除之前，必须确认该存储过程是否存在，以免发生错误。

删除存储过程的语法如下：

```
DROP PROCEDURE [IF EXISTS] sp_name;
```

其中，sp_name 参数表示存储过程的名称；IF EXISTS 是 MySQL 的扩展，用来判断存储过程是否存在。

【示例 7.12】删除名称为 del_news 的存储过程。

```
DROP PROCEDURE del_news;
```

7.3　触发器

7.3.1　认识触发器

1．触发器简介

触发器实际上就是一种特殊类型的存储过程，它是在执行某些特定的 SQL 语句时自动执行的一种存储过程。

MySQL 的触发器和存储过程一样，都是嵌入到 MySQL 的一段程序，是 MySQL 5 版本

新增的功能。在 MySQL 中，触发器根据发生在触发条件之前或之后分为 Before 和 After 两种，其触发条件有 Insert、Delete、Update。

所以，在一个表上最多可以建立 6 个触发器，即：① before insert 型；② before update 型；③ before delete 型；④ after insert 型；⑤ after update 型；⑥ after delete 型。但是不能在同一个表中建立两个类型完全相同的触发器。

2. 创建触发器的语法

创建触发器的基本语法形式如下：

```
CREATE TRIGGER  触发器名称
AFTER/BEFORE  INSERT/UPDATE/DELETE ON 表名
FOR EACH ROW
BEGIN
SQL 语句
END
```

各个参数的含义如表 7-3 所示。

表7-3　创建触发器各参数作用

参数	含义
表名	数据表的名字，是触发器的寄体
UPDATE	对表进行UPDATE操作时发生
DELETE	对表进行DELETE操作时发生
INSERT	对表进行INSERT操作时发生
AFTER	在触发事件之后发生
BEFORE	在触发事件之前发生
FOR EACH ROW	逐行触发

7.3.2　触发器基本操作

1. 如何在触发器中引用行的值

当对表进行修改（包括插入、更新、删除）时，会触发触发器的执行。在触发器内，往往需要对修改前后的值进行跟踪、比较，以便判断下一步进行何种操作。关于如何在触发器中引用行的值的问题，请参考表 7-4。

表7-4　在触发器中引用行值

触发事件	引用对象	表示方法	举例（以表Tb_newstype为例）
Insert	新增的行	New.列名	New.TypeName：表示新增行中“TypeName”列的值
Delete	删除的行	Old.列名	Old. TypeName：表示删除行中“TypeName”列的值
Update	更新前的行	Old.列名	Old. TypeName：表示更新前“TypeName”列的值
	更新后的行	New.列名	New. TypeName：表示更新后“TypeName”列的值

【示例 7.13】当删除新闻类别表 tb_newstype 中的记录时，判断该记录是否被新闻表 Tb_News 所引用，若是，则阻止删除操作。

（1）分析。删除的记录存在 3 种情况：第一是要删除的记录不存在；第二是要删除的记录存在但没有被新闻表引用；第三种情况是要删除的记录存在并且已经被新闻表引用。根据题目的要求，第一、二种情况可以不采取措施，所以我们重点分析第三种情况。根据题目要求，可以得到以下信息。

- 触发对象：表tb_newstype。
- 触发事件：Delete。
- 触发时间：before。

在触发器里，首先要判断要删除的记录是否被新闻表引用，如果是就阻止删除，否则不作处理。目前版本的 MySQL 不支持在触发器内使用取消删除操作的回滚语句，所以必须在触发器内制造阻止删除的语句，例如，再对该表增加一条删除语句。

（2）编写并调试代码。

```
CREATE TRIGGER trigger1 BEFORE DELETE ON tb_newstype FOR EACH ROW
BEGIN
IF EXISTS (SELECT  *  FROM Tb_News WHERE  tid=Old.tid)
THEN
DELETE  FROM tb_newstype WHERE tid=old.tid;
 END IF;
END //
DELIMITER;
```

（3）实施。执行（2）中的代码。

（4）验证与思考。

①向表 tb_newstype 插入一条编号为“test_tri”的新记录。

②删除新插入的记录“test_tri”，是否删除成功？

③删除一条已被新闻表引用的记录，如“t6006”，是否删除成功？为什么？

2．触发器的删除

不再需要的触发器必须删除，否则该触发器可能会在符合条件时被执行。删除触发器的语法如下：

```
DROP TRIGGER [schema_name.]trigger_name;
```

例如，要删除触发器 trigger1，可以用下面的语句：

```
DROP TRIGGER trigger1;
```

3．触发器的显示

如果知道触发器所在数据库，以及触发器名称等具体信息，则查看触发器的语法如下：

```
SHOW TRIGGERS FROM cms like "usermaps%";
```

以上语句的作用是：查看 cms 库上名称和 usermaps% 匹配的触发器 。

如果不了解触发器的具体信息，或者需要查看数据库上的所有触发器，可以使用以下语句：

```
SHOW TRIGGERS; //查看所有触发器
```

用上述方式查看触发器可以看到数据库的所有触发器。不过如果一个数据库上的触发器太多，由于会刷屏，可能没有办法查看所有触发器程序。这时，可以采用如下方式：MySQL中有一个information_schema.TRIGGERS表，存储所有库中的所有触发器，可以使用以下语句查看其表结构：

```
DESC information_schema.TRIGGERS //可以看到表结构
```

这样，用户就可以按照自己的需要查看触发器。如使用如下语句查看名字为“trigger1”的触发器。

```
SELECT * FROM information_schema. TRIGGERS WHERE TRIGGER_NAME= 'trigger1';
```

7.3.3 触发器应用实例

1．任务描述

为了实现对新闻类别表（Tb_NewsType）的操作跟踪，要求对该表进行修改（包括插入、更新、删除）时，由系统自动进行跟踪（也可以称为审计），将修改前的信息进行备份，并记录修改的时间、地点、人物等信息。

跟踪是在数据库后台完成的，不会影响用户前台的操作，对操作者来说是透明的（即在操作者不知不觉中完成跟踪）。

2．任务分解

根据触发器的定义和功能，我们认为，利用触发器可以完成这一任务，详细步骤如下。

（1）了解表Tb_NewsType的结构。

（2）创建存储跟踪信息的表。需要将跟踪结果写入数据表中，以便以后进行查询。

（3）获取操作时间、操作地点、操作者信息。

（4）创建触发器。

①插入触发器，实现插入跟踪。

②修改触发器，实现修改跟踪。

③删除触发器，实现删除跟踪。

3．操作步骤

（1）使用以下语句获取表Tb_NewsType的结构。

```
DESC Tb_NewsType;  //可以看到表结构
```

（2）规划如何保存跟踪信息。

对表的修改操作，有三种情况，分别是INSERT、DELETE和UPDATE，我们希望可以记下操作时间、地点、操作人，还必须记录操作前后的信息更改。

为了实现以上功能，我们约定：

①插入。记录操作时间、地点、操作人、新插入记录的详细内容。

②修改。记录操作时间、地点、操作人、修改前后记录的详细内容。

③删除。记录操作时间、地点、操作人、被删除记录的详细内容。

根据这些约定，我们按表 7-5 建立跟踪数据表 Tb_OpHis。

表7-5　跟踪表各列含义

列名	类型	含义
OP_ID	INT	操作ID，主键
OP_DATE	DATE	操作日期
OP_USER	CHAR	操作人
OP_PLACE	CHAR	操作地点
OP_CLASS	CHAR	操作类型：插入、修改、删除
B_ID	INT	类别ID（以下各列与表Tb_BigClass对应）
NAME	CHAR	类别名称
FLAG	CHAR	类别标识
CINDEX	INT	类别索引
NEWCOUNT	INT	类别包含新闻数量

对应的 SQL 语句如下：

```
CREATE TABLE Tb_OpHis(
OP_ID INT  AUTO_INCREMENT  PRIMARY KEY,
OP_DATE DATE,
OP_USER NCHAR(20),
OP_PLACE NCHAR(20),
OP_CLASS NCHAR(12),
   B_ID INT ,
   Name VARCHAR(50) NULL,
   Flag CHAR(10) NULL,
   Cindex INT NULL,
   NewsCount INT  NULL
   )
```

（3）获取操作时间、操作地点、操作者信息的相关 SQL 语句。

① Now() 函数：以 'YYYY-MM-DD HH:MM:SS' 返回当前的日期时间，可以直接存到 DATETIME 字段中。

② User() 函数：获取 MySQL 登录用户名，效果如图 7-4 所示。

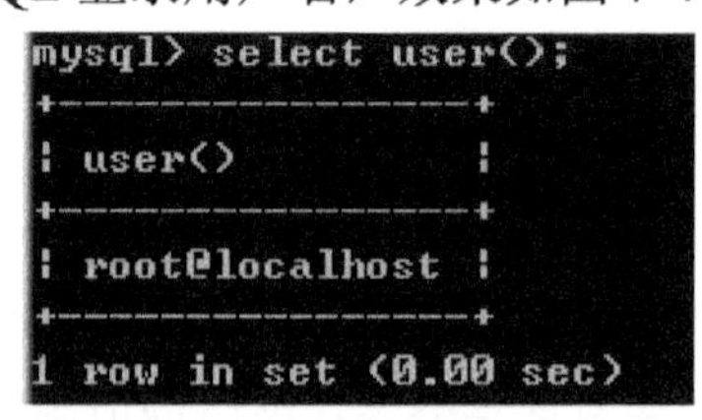

图7-4　User()执行效果

③ User() 函数的返回值包含用户名和机器名，形式是：user_name@host_name，从中可以获取字符“@”后面的字符串。这里需要用到截子串函数 Substring()、字符串长度函数 Length()、位置函数 Instr()3 个函数，SQL 语句为：

```
SELECT substring(user(),instr(user(),'@')+1,length(user()));
```

执行效果如图 7-5 所示。

```
mysql> select substring(user(),instr(user(),'@')+1,length(user()));
+------------------------------------------------------+
| substring(user(),instr(user(),'@')+1,length(user())) |
+------------------------------------------------------+
| localhost                                            |
+------------------------------------------------------+
```

图7-5 获取机器名

（4）创建触发器。这里的主要任务是跟踪，不需要对操作进行干预，所以，在建立触发器时使用 AFTER 参数。根据创建触发器的一般形式，这些触发器具有如下形式：

```
CREATE TRIGGER 触发器字名 AFTER INSERT/DELETE/UPDATE ON Tb_NewsType
FOR EACH ROW
BEGIN
触发器主体命令
END
```

下面对触发器主体部分分别进行讨论。

```
// 插入
DELIMITER //
CREATE TRIGGER tri_NewsType_insert AFTER INSERT ON Tb_NewsType
FOR EACH ROW
BEGIN
Insert into Tb_OpHis(OP_DATE,OP_USER,OP_PLACE,OP_CLASS,B_ID)
Select Now(),User(),substring(user(),instr(user(),'@')+1,length(user())),'
插入',
NEW.tid,new.typename,NEW.flag,NEW.newstotal;
END //
// 删除
CREATE TRIGGER tri_NewsType_Deletet AFTER DELETE ON Tb_ NewsType
FOR EACH ROW
BEGIN
Insert into Tb_OpHis(OP_DATE,OP_USER,OP_PLACE,OP_CLASS,B_ID)
Select Now(),User(),substring(user(),instr(user(),'@')+1,length(user())),'
删除',
OLD.tid,OLD.typename,OLD.flag,OLD.newstotal;
END//
// 修改
CREATE TRIGGER tri_ NewsType _Update AFTER UPDATE ON Tb_ NewsType
FOR EACH ROW
BEGIN
Insert into Tb_OpHis(OP_DATE,OP_USER,OP_PLACE,OP_CLASS,B_ID)
Select Now(),User(),substring(user(),instr(user(),'@')+1,length(user())),'
修改前',
OLD.tid,OLD.typename,OLD.flag,OLD.newstotal;

Insert into Tb_OpHis(OP_DATE,OP_USER,OP_PLACE,OP_CLASS,B_ID)
```

```
Select Now(),User(),substring(user(),instr(user(),'@')+1,length(user())),'
修改后',
NEW.tid,new.typename,NEW.flag,NEW.newstotal;;
END//
DELIMITER ;
```

（5）测试触发器。分别对表 Tb_BigClass 进行插入、删除、更新操作，查询数据表 Tb_OpHis 记录的变化情况。如果测试结果符合预期，则任务到此结束。

思考与练习

编写一个触发器，完成对用户表的操作跟踪。如果是插入，则记录插入时间、地点、插入人、新插入用户名；如果是删除，则记录删除时间、地点、删除人，备份删除记录；如果是修改，则记录修改时间、地点、修改人，备份修改前信息。

实训7

【实训目的】

1. 存储过程的使用。
2. 触发器的创建。
3. 触发器中行值的引用。
4. 利用触发器确保数据完整性。

【实训准备】

1. 存储过程的创建。
2. 触发器的创建。
3. 触发器中行值的引用。
4. 利用触发器确保数据完整性。

【实训步骤】

（1）创建存储过程，使用 tb_news 表中的新闻数量来初始化一个局部变量，并调用这个存储过程。

①存储过程语句：

```
DELIMITER //
CREATE PROCEDURE test(OUT num INT)
BEGIN
DECLARE num2 INT;
SET num2=(SELECT COUNT(*) FROM tb_news);
SET num1=num2;
```

```
END //
DELIMITER;
```

②调用存储过程：

```
CALL test(@num);
```

③查看结果：

```
SELECT @num;
```

（2）当删除 Tb_NewsType 中的记录时，检查表 tb_news 是否已经引用了被删除的记录 ID。如果已经引用，则阻止删除操作。

（3）当修改 Tb_Dept 表中的 DeptCode 时，判断 Tb_User 是否引用了该编号。如果是，则将 Tb_User 中的 DeptCode 进行相应的更新。

具体操作步骤如下：

（1）查看 Tb_NewsType 和 Tb_News 数据表的结构，确认两表的关联字段，即 Tb_NewsType.tid 和 Tb_News.tid。

（2）创建基于表 Tb_NewsType 的 Before、Delete 触发器，删除前判断 tb_News 是否引用了该大类号，如果是则回滚。

（3）查看 Tb_User 和 Tb_Dept 两张表的结构，确认两表的关联字段，即 Tb_User.DeptCode 和 Tb_Dept.Deptcode。

（4）创建基于表 Tb_Dept 的 After、Update 触发器，当修改 Tb_Dept 表的 DeptCode 字段值时，对 Tb_User 进行相应的更新。

课后习题7

一、填空题

1. 查看存储过程的语句是 ________。
2. 触发器是一种特殊的 ________。
3. 使用触发器时，触发器执行的顺序为 ________、表操作和 ________。
4. 应用触发器中的表操作，其常用的操作是 ________、________ 和 UPDATE。

二、选择题

1.CREATE PROCEDURE 用来创建（　）语句。

A．程序　　B．存储过程　　C．触发器　　D．函数

2. 下面声明变量正确的是（　）。

A．declare x char(10) default 'outer'　　B．declare x char default 'outer'

C．declare x char(10) default outer　　D．declare x default 'outer'

3. 在 MySQL 中创建存储过程，以下正确的是（　）。

A．CREATE PROCEDURE　　B．CREATE FUNCTION

C．CRAETE DATABASE　　D．CREATE TABLE

4.MySQL 存储过程的流程控制中 IF 必须与下面哪项成对出现（ ）。

A．ELSE　　B．ITERATE　　C．LEAVE　　D．ENDIF

5. 下面控制流程中，MySQL 存储过程不支持（ ）。

A．WHILE　　B．FOR　　C．LOOP　　D．REPEAT

6. 下列（ ）数据库对象可以用来实现表间的数据完整性。

A．触发器　　B．存储过程　　C．视图　　D．索引

7. 触发器创建在（ ）中。

A．表　　B．视图　　C．数据库　　D．查询

8. 当删除（ ）时，与它关联的触发器也同时被删除。

A．临时表　　B．视图　　C．过程　　D．表

9. 银行系统中有账户表和交易表，账户表中存储了各存款人的账户余额，交易表中存储了各存款人每次的存、取款金额。为保证存款人每进行一次存、取款交易，都正确地更新了该存款人的账户余额，以下选项中正确的做法是（ ）。

A．在账户表上创建 insert 触发器

B．在交易表上创建 insert 触发器

C．在账户表上创建检查约束

D．在交易表上创建检查约束

三、思考题

1. 使用存储过程的优点有哪些？
2. 简述数据库触发器的作用。
3. 触发器和约束的区别有哪些？
4. 触发器如何维护数据的完整性和一致性？

第8章 用户和数据安全

学习目标

通过本章的学习，可以了解各种权限表的内容、登录数据库的详细内容、创建和删除普通用户的方法，以及密码管理的方法。本章的学习目标包括：

- MySQL数据库的安全概念。
- MySQL用户的创建、删除和重命名。
- 使用GRANT和REVOKE函数控制用户的权限。
- 设置用户的密码，保证账户的安全。

学习导航

数据库管理员发现一个人管理数据库忙不过来，需要多人共同来管理这个数据库，但是其他用户只能拥有部分权限。他发现，MySQL 是一个多用户数据库，具有功能强大的访问控制系统，可以为不同用户指定允许的权限。管理员只需要再增加几个普通用户，并且这些用户被授予某种权限，就可以安全地帮助自己共同管理数据库了。

本章的知识结构图如图 8-1 所示。

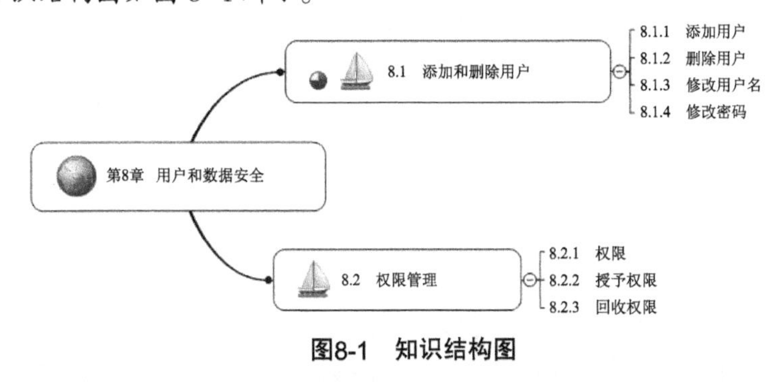

图8-1 知识结构图

8.1 添加和删除用户

8.1.1 添加用户

CREATE USER 语句用于添加新的 MySQL 账户。要使用 CREATE USER 语句，必须拥有 MySQL 数据库的全局 CREATE USER 权限。

语法格式如下：

```
CREATE USER user[IDENTIFIED BY [PASSWORD] 'password']
[,user [IDENTIFIED BY [PASSWORD] 'password' ]]..
```

其中，user 参数表示新建用户的账户，user 由用户名（User）和主机名（Host）构成；IDENTIFIED BY 关键字用来设置用户的密码；password 参数表示用户的密码。如果密码是一个普通的字符串，就不需要使用 PASSWORD 关键字。CREATE USER 语句可以同时创建多个用户。新用户可以没有初始密码。

CREATE USER 语句会添加一个新的 MySQL 账户。使用 CREATE USER 语句添加用户，必须有全局的 CREATE USER 权限或 MySQL 数据库的 INSERT 权限。每添加一个用户，CREATE USER 语句会在 mysql.user 表中添加一条新记录，但是新创建的账户没有任何权限。如果添加的账户已经存在，CREATE USER 语句会返回一个错误。

【示例 8.1】使用 CREATE USER 语句添加两个用户，用户 test1 的密码是 test1，用户 test2 的密码是 test2，其主机名为 localhost。命令如下：

```
CREATE USER 'test1'@'localhost' IDENTIFIED BY 'test1',
'test2'@'localhost' IDENTIFIED BY 'test2';
```

命令执行结果如图 8-2 所示。

```
mysql> CREATE USER 'test1'@'localhost' IDENTIFIED BY 'test1',
    ->             'test2'@'localhost' IDENTIFIED BY 'test2';
Query OK, 0 rows affected (0.00 sec)
```

图8-2　使用CREATE USER添加新用户

结果显示，用户 test1 和 test2 创建成功。

8.1.2　删除用户

如果存在一个或多个账户被闲置，应当考虑将其删除，确保其不会用于可能的违法活动。利用 DROP USER 命令就能很容易地做到，它将从权限表中删除用户的所有信息，即来自所有授权表的账户权限记录。DROP USER 命令格式如下：

```
DROP USER user [,user]…;
```

其中，user 参数是需要删除的用户，由用户名（User）和主机名（Host）组成。DROP USER 语句可以同时删除多个用户，各用户之间用逗号隔开。

【示例 8.2】使用 DROP USER 删除账户“'test1'@'localhost'”。

```
DROP USER 'test1'@'localhost' ;
```

执行过程如图 8-3 所示。

```
mysql> DROP USER 'test1'@'localhost';
Query OK, 0 rows affected (0.00 sec)
```

图8-3　使用DROP USER删除用户

如果删除的用户已经创建了表、索引或其他的数据库对象，它们将继续保留，因为 MySQL 并没有记录是谁创建了这些对象。

8.1.3 修改用户名

RENAME USER 语句用于对原有 MySQL 账户进行重命名。RENAME USER 语句的命令原型如下：

```
RENAME USER old_user TO new_user
[, old_user TO new_user]…
```

其中，old_user 为已经存在的 SQL 用户，new_user 为新的 SQL 用户。

RENAME USER 语句用于对原有 MySQL 账户进行重命名。要使用 RENAME USER，必须拥有全局 CREATE USER 权限或 MySQL 数据库 UPDATE 权限。如果旧账户不存在或者新账户已存在，则会出现错误。

【示例 8.3】应用 RENAME USER 命令将用户 test2 重新命名为 Penny。

```
RENAME USER 'test2'@'localhost' TO 'Penny' @ 'localhost';
```

执行过程如图 8-4 所示。

```
mysql> RENAME USER 'test2'@'localhost' TO 'Penny'@'localhost';
Query OK, 0 rows affected (0.03 sec)
```

图8-4 使用RENAME USER对用户重命名

8.1.4 修改密码

root 用户拥有很高的权限，不仅可以修改自己的密码，还可以修改其他用户的密码。普通用户也可以修改自己的密码，这样普通用户就不需要每次需要修改密码时都通知管理员。

要修改某个用户的登录密码，可以使用 SET PASSWORD 语句。其语法格式如下：

```
SET PASSWORD [FOR user]=PASSWORD('newpassword')
```

其中，不加 FOR user，表示修改当前用户的密码，加了 FOR user 则是修改当前主机上特定用户的密码，user 为用户名。user 的值必须以 'user_name'@'host_name' 的格式给定。新用户必须使用 PASSWORD() 函数来加密。

【示例 8.4】将用户 Penny 的密码修改为 mypenny。

```
SET PASSWORD FOR 'Penny'@'localhost'=PASSWORD('mypenny');
```

执行结果如图 8-5 所示。

```
mysql> SET PASSWORD FOR 'Penny'@'localhost'=PASSWORD('mypenny');
Query OK, 0 rows affected (0.00 sec)
```

图8-5 使用SET PASSWORD修改密码

8.2 权限管理

权限管理主要是对登录到 MySQL 的用户进行权限验证。所有用户的权限都存储在 MySQL 的权限表中，不合理的权限规划会给 MySQL 服务带来安全隐患。数据库管理员要对所有用户的权限进行合理的规划管理。

MySQL 权限系统的主要功能是证实连接到一台给定主机的用户，并且赋予该用户在数据库上的 SELECT、INSERT、UPDATE 和 DELETE 权限。

8.2.1 权限

MySQL 数据库有很多种类的权限，这些权限都存储在 MySQL 数据库下的权限表中。user 表是 MySQL 中最重要的一个权限表，它记录了允许连接到服务器的账号信息，里面的权限是全局级的。

表 8-1 中列出了 MySQL 的各种权限，以及 user 表中对应的列和权限等信息。

表8-1 MySQL的各种权限

权限名称	对应user表中的列	默认值	权限的范围
CREATE	Create_priv	N	数据库、表或索引
DROP	Drop_priv	N	数据库或表
GRANT OPTION	Grant_priv	N	数据库、表或存储过程
REFERENCES	References_priv	N	数据库或表
ALTER	Alter_priv	N	修改表
DELETE	Delete_priv	N	删除表
INDEX	Index_priv	N	用索引查询表
INSERT	Insert_priv	N	插入表
SELECT	Select_priv	N	查询表
UPDATE	Update_priv	N	更新表
CREATE TABLE	Create_view_priv	N	创建视图
SHOW VIEW	Show_view_priv	N	查看视图
ALTER ROUTINE	Alter_routine_priv	N	修改存储过程或函数
CREATE ROUTINE	Create_routine_priv	N	创建存储过程或函数
EXECUTE	Execute_priv	N	执行存储过程或函数
FIFE	File_priv	N	加载服务器主机上的文件
CREATE TEMPORARY TABLES	Create_temp_table_view	N	创建临时表
LOCK TABLES	Lock_tables_priv	N	锁定表
CREATE USER	Create_user_priv	N	创建用户
PROCESS	Process_priv	N	服务器管理
RELOCAD	Reload_priv	N	重新加载权限表
REPLICATION CLIENT	Repl_client_priv	N	服务器管理
REPLICATION SLAVE	Repl_slave_priv	N	服务器管理
SHOW DATABASES	Show_db_priv	N	查看数据库
SHUTDOWN	Shutdown_priv	N	关闭服务器
SUPER	Super_priv	N	超级权限

GRANT 和 REVOKE 命令用来管理访问上述权限，也可以用来创建和删除用户。GRANT 和 REVOKE 命令对于谁可以操作服务器及其内容的各个方面提供了多种控制，从关闭服务器到修改特定表字段中的信息都能控制。以下将为读者介绍 GRANT 和 REVOKE 命令。

8.2.2 授予权限

新的用户创建后没有权限对数据表进行操作，因此需要对新用户赋予权限。MySQL 中可以使用 GRANT 语句为用户授予权限，但必须拥有 GRANT 权限的用户才可以执行 GRANT 语句。GRANT 语句的基本语法如下：

```
GRANT privileges
ON databasename.tablename
TO 'username'@'host'
```

其中，privileges 为权限的名称，如 SELECT、UPDATE 等，给不同的对象授予权限的值也不相同；ON 关键字后面给出的是授予权限的数据库或表名；TO 子句用来设定用户。

1. 授予表权限和列权限

【示例 8.5】授予新创建的用户 test1 在 tb_user 表上的 SELECT 和 DELETE 权限。

```
USE cms;
GRANT SELECT,DELETE
ON tb_user
TO test1@localhost ;
```

执行结果如图 8-6 所示。

```
mysql> USE cms;
Database changed
mysql> GRANT SELECT,DELETE
    -> ON tb_user
    -> TO test1@localhost;
Query OK, 0 rows affected (0.00 sec)
```

图8-6 赋予表权限

【示例 8.6】授予 test1 在 tb_user 表上的姓名和邮箱列的 UPDATE 权限。

```
USE cms;
GRANT UPDATE(username,email)
ON tb_user
TO test1@localhost ;
```

执行结果如图 8-7 所示。

```
mysql> USE cms;
Database changed
mysql> GRANT UPDATE(username,email)
    -> ON tb_user
    -> TO test1@localhost;
Query OK, 0 rows affected (0.00 sec)
```

图8-7 列权限

2. 授予数据库权限

MySQL 还支持对整个数据库的权限，例如，在一个特定的数据库中创建表和视图的权限。

【示例 8.7】授予 test1 在 cms 数据库中的所有表的 SELECT 权限。

```
GRANT SELECT
ON cms.*
```

```
TO test1@localhost ;
```

执行结果如图 8-8 所示。

```
mysql> GRANT SELECT
    -> ON cms.*
    -> TO test1@localhost;
Query OK, 0 rows affected (0.47 sec)
```

图8-8　数据库权限

【示例 8.8】授予 test1 在 cms 数据库中的所有数据库权限。

```
GRANT ALL
ON  *
TO test1@localhost ;
```

执行结果如图 8-9 所示。

```
mysql> GRANT ALL
    -> ON *
    -> TO test1@localhost;
Query OK, 0 rows affected (0.06 sec)
```

图8-9　所有的数据库权限

3．授予用户权限

最有效率的权限就是用户权限，对于需要授权数据库权限的所有语句，也可以定义在用户权限上。例如，在用户级别上授予某人 CREATE 权限，则这个用户可以创建一个新的数据库，也可以在所有的数据库（而不是特定的数据库）中创建新表。

【示例 8.9】授予 Tom 对所有数据库中的所有表的 CREATE 和 DELETE 权限。

```
GRANT CREATE, DELETE
ON *.*
TO Tom@localhost IDENTIFIED BY '123456' ;
```

执行结果如图 8-10 所示。

```
mysql> GRANT CREATE,DELETE
    -> ON *.*
    -> TO Tom@localhost IDENTIFIED BY '123456';
Query OK, 0 rows affected (0.00 sec)
```

图8-10　CREATE和DELETE权限

【示例 8.10】授予 Tom 创建新用户的权利。

```
GRANT CREATE USER
ON  *.*
TO Tom@localhost ;
```

执行结果如图 8-11 所示。

```
mysql> GRANT CREATE USER
    -> ON *.*
    -> TO Tom@localhost;
Query OK, 0 rows affected (0.00 sec)
```

图8-11　创建新用户的权利

8.2.3　回收权限

回收权限是指撤销对表、视图、表值函数、存储过程、扩展存储过程、标量函数、聚合函数、服务队列或同义词的权限。回收用户不必要的权限可以在一定程度上保证系统的安全性。使用 REVOKE 命令回收权限，但不从 user 表中删除用户。回收指定权限的 REVOKE 语句的基本语法如下：

```
REVOKE priv_type[(column_list)]…
ON database.table
FROM user [,user]…
WITH GRANT OPTION;
```

REVOKE 语句中的参数与 GRANT 语句中的参数意思相同。其中，priv_type 参数表示权限的类型；column_list 参数表示权限作用于哪些列上，没有该参数时作用于整个表上；user 参数由用户名和主机名构成，形式是 'username'@'hostname'。WITH GRANT OPTION 表示 TO 子句中指定的所有用户都有把自己所拥有的权限授予其他用户的权利，而不管其他用户是否拥有该权限。

要使用 REVOKE 语句，必须拥有 MySQL 数据库的全局 CREATE USER 权限或 UPDATE 权限。

【示例 8.11】回收用户 test1 在 tb_news 表上的 SELECT 权限。

```
REVOKE SELECT
ON  cms.tb_user
FROM test1@localhost ;
```

这些代码执行结果如图 8-12 所示。

```
mysql> use cms;
Database changed
mysql> REVOKE SELECT
    -> ON cms.tb_user
    -> FROM test1@localhost;
Query OK, 0 rows affected (0.08 sec)
```

图8-12　回收SELECT权限

结果显示，REVOKE 语句执行成功。

【示例 8.12】回收 test1 用户的所有权限。

```
REVOKE ALL PRIVILEGES,GRANT OPTION
FROM test1@localhost ;
```

这些代码执行结果如图 8-13 所示。

```
mysql> REVOKE ALL PRIVILEGES,GRANT OPTION
    -> FROM test1@localhost;
Query OK, 0 rows affected (0.09 sec)
```

图8-13　回收用户的所有权限

结果显示，REVOKE 语句执行成功。

数据库管理员给普通用户授权时一定要特别小心，如果授权不当，可能会给数据库带来致命的破坏。一旦发现给用户的授权太多，应该尽快使用 REVOKE 语句将权限收回。此处特别注意，最好不要授权普通用户 SUPER 权限和 GRANT 权限。

实训8

【实训目的】

1. 掌握数据库用户账号的建立和删除方法。
2. 掌握数据库用户权限的授予方法。

【实训准备】

1. 了解数据库用户账号的建立和删除方法。
2. 了解数据库用户权限的授予和回收方法。

【实训步骤】

本节将创建名为 Penny 和 Jenny 的两个用户，初始密码都设置为 abcdef。用户对 cms 数据库下的某些表拥有部分权限。本实例的执行步骤如下：

（1）创建 Penny、Jenny 用户。

在 MySQL Command Line Client 中使用以下 SQL 语句：

```
GRANT USER
'Penny'@'localhost' IDENTIFIED BY 'abcdef',
'Jenny'@'localhost' IDENTIFIED BY 'abcdef';
```

（2）将用户 Jenny 的名称修改为 Jenny2。

```
RENAME USER
'Jenny'@'localhost'  TO 'Jenny2'@'localhost';
```

（3）将用户 Jenny2 的密码修改为 686868。

```
SET PASSWORD FOR 'Jenny2'@'localhost'  =PASSWORD('686868')
```

（4）删除 Jenny2 用户。

```
DROP USER Jenny2;
```

（5）授予用户 Penny 对 cms 数据库的 user 表进行插入、修改、删除的权限。

```
USE cms;
GRANT INSERT, UPDATE, DELETE
ON user
TO 'Penny'@'localhost';
```

（6）使用 root 用户回收 Penny 的 user 表上的 DELETE 权限。

```
REVOKE DELETE
ON user
FROM 'Penny'@'localhost';
```

（7）使用 root 用户回收 Penny 的所有权限。

```
REVOKE ALL PRIVILEGES, GRANT OPTION FROM 'Penny'@'localhost';
```

课后习题8

一、填空题

1. 重命名用户的命令是 ______________。
2. 回收用户权限的语句是 ______________。
3. 修改 root 用户密码的方法是 ______________。
4. 删除用户的语句是 ______________。

二、选择题

1.CREATE USER 命令可以用来（　）。

A．创建新用户　　B．删除用户
C．修改用户权限　　D．重命名用户

2. 假设要给数据库创建一个用户名为 Block、密码为 123456 的用户，正确的创建语句是（　　）。

A．CREATE USER 'Block'@'localhost' IDENTIFIED BY ‘123456';
B．CREATE USER '123456'@'localhost' IDENTIFIED BY 'Block';
C．CREATE USERS 'Block'@'localhost' IDENTIFIED BY ‘123456';
D．CREATE USERS '123456'@'localhost' IDENTIFIED BY 'Block';

3.（　　）命令显示授予特定用户的权限。

A．SHOW USER　　B．SHOW GRANTS
C．SHOW GRANTS FOR　　D．SHOW PRIVILEGES

三、思考题

1. 刚刚创建用户有什么样的权限？
2. 说明表权限、列权限、数据库权限和用户权限的不同之处。
3. 如何应用各种命令实现对 MySQL 数据库的权限管理？
4. 如何设置账户密码，使账户更安全？

第9章 访问MySQL数据库

学习目标

本章将学习 Java 和 C# 语言访问 MySQL 数据库，以及通过程序设计语言对数据库中的数据对象进行操作处理。本章的学习目标包括：

- Java访问MySQL数据库的原理和方法。
- C#访问MySQL数据库的原理与方法。
- 各种语言环境中备份与还原MySQL数据库的方法。
- 各种编程语言连接MySQL数据库。

学习导航

在项目的开发过程中，其他项目的开发人员可能希望能够使用目前已经设计完成的 MySQL 数据库。这些开发人员使用的开发语言可能是Java、C# 或者 C++ 等，他们希望使用这些开发语言通过 MySQL 数据接口来对数据库进行访问，以便得到项目所需要的各种数据。

本章的知识结构图如图 9-1 所示。

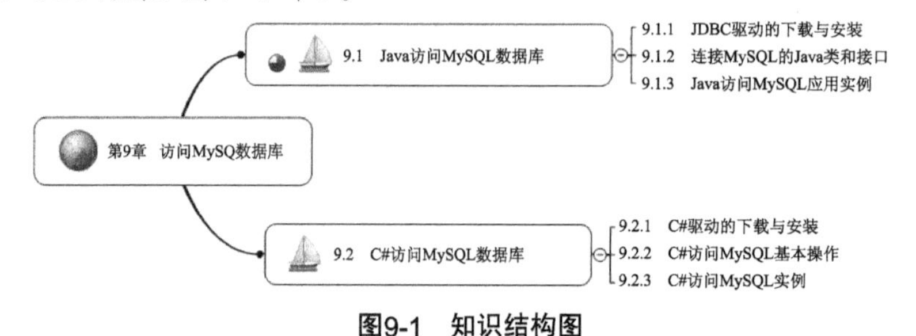

图9-1 知识结构图

9.1 Java访问MySQL数据库

9.1.1 JDBC驱动的下载与安装

1．Java 简介

Java 是一种可以撰写跨平台应用软件的面向对象的程序设计语言，是由 SUN

Microsystems 公司于 1995 年 5 月推出的 Java 程序设计语言和 Java 平台（即 JavaSE、JavaEE、JavaME）的总称。Java 技术具有卓越的通用性、高效性、平台移植性和安全性，在全球云计算和移动互联网的产业环境下，Java 更具备了显著优势和广阔前景。Java 语言可以通过 MySQL 数据库的接口访问 MySQL 数据库。

MySQL 数据库为多种语言提供了 API 接口，其中就包括 Java 语言。通过 MySQL 提供的访问接口，用户可以方便地实现对数据库的连接、查询、更新、备份及还原等操作，不仅可以提高 Java 语言对数据库应用的支持，还可以增加 MySQL 数据库的事务处理功能。

2. 下载 JDBC 驱动

MySQL 为使用 MySQL 的应用程序和工具提供了与行业标准 ODBC 和 JDBC 兼容的数据库驱动程序连接，任何兼容 ODBC 或 JDBC 的系统均可以使用 MySQL。Java 语言可以通过 JDBC 提供的接口类与 MySQL 数据库进行连接。下面为大家介绍支持 Java 平台的 JDBC 驱动的下载和安装方法。

访问 MySQL 的官方网站 http://dev.mysql.com/downloads/connector/，在页面中选择 Connector/J 选项，在打开子页面的下拉项中选择 Platform Independent，然后选择 mysql-connector-java-5.1.26.zip 文件，单击下载按钮进行驱动下载，如图 9-2 所示。

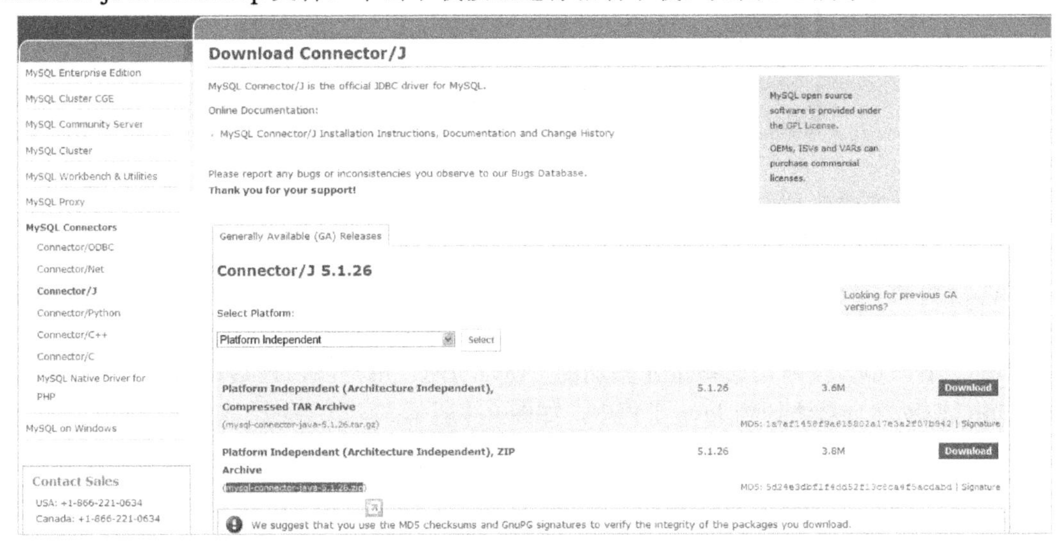

图9-2 支持Java的MySQL驱动下载

解压下载后的 JDBC 驱动文件，其中的 mysql-connector-java-5.1.26-bin.jar 文件为编译好的驱动包。

3. 安装 JDBC 驱动

如果不使用 Eclipse 等开发工具，则需要在 Windows 中设置环境变量，以便系统在执行 Java 语句时按照环境变量指定的路径调用驱动程序来连接 MySQL 数据库。具体设置方法是：

（1）选择“我的电脑”图标，单击鼠标右键，在弹出的快捷菜单中选择“属性”命令，在打开的窗口中选择“高级”选项卡。

（2）单击“环境变量”按钮，在“系统变量”中选择“classpath”变量（如没有该变量，则需要新建），将 JDBC 驱动文件所在路径加入到 classpath 变量中即可。

如果读者是使用 Eclipse 等开发工具进行 Java 开发，则可直接将 JDBC 驱动添加到开发工具中。具体设置方法是：

（1）打开 Eclipse 开发工具，选择“窗口”→“首选项”命令。

（2）在打开的“首选项”对话框中展开“Java”折叠条，然后选择“构建路径”下的“用户库”选项，如图 9-3 所示。

图9-3 创建新的库文件

（3）单击“新建”按钮，创建一个新的库文件并命名为“MyJDBC”，然后单击“添加 JAR”按钮，将解压后的 mysql-connector-java-5.1.26-bin.jar 文件添加到 Eclipse 中。

（4）需要将 JDBC 驱动添加到 Java 工程中。首先，选择 Java 工程名并单击鼠标右键，在弹出的快捷菜单中选择“构建路径 / 添加库”命令，在“添加库”对话框中选择“用户库”，然后单击“下一步”按钮，选择刚才添加的“MyJDBC”用户库，最后单击“完成”按钮，这样 JDBC 驱动将会被添加到 Java 工程中，如图 9-4 所示。

图9-4 将创建的库添加到Eclipse中

9.1.2 连接MySQL的Java类和接口

连接和操作 MySQL 数据库所需的类包含在 java.sql 类包中，主要包括：DriverManager 类、Connection 接口、Statement 接口、ResultSet 接口和 SQLException 异常类。其中 DriverManager 类和 Connection 接口主要用于管理驱动和建立数据库连接，Statement 接口用于执行 SQL 语句，ResultSet 接口用于存储执行 SQL 语句后得到的结果，SQLException 类用于抛出执行 MySQL 连接和操作时产生的异常。下面详细介绍这些类和接口中的常用方法。

1. 指明 JDBC 驱动的类型

java.lang.Class 类中的 forName() 方法用于指明在利用 JDBC 驱动连接 MySQL 数据库时的 Driver 类，使用格式如下：

```
Class.forName("com.mysql.jdbc.Driver");
```

com.mysql.jdbc.Driver 字符串指明驱动类型为 MySQL 的 JDBC 驱动中的 Driver 类。

2. 从已注册的 JDBC 驱动来访问 MySQL 数据库

DriverManager 类中的 getConnection() 方法利用指定的用户名和密码从已经注册的 JDBC 驱动中选择一个合适的来访问 MySQL 数据库，其使用格式如下：

```
DriverManager.getConnection(url,username,password);
```

- url：为JDBC数据源，其格式为“jdbc:mysql:数据源”，数据源包括IP或主机名、端口名及数据库名。
- username：为MySQL数据库的用户名。
- password：为MySQL数据库的用户密码。
- getConnection()方法的返回值为Connection对象。

【示例 9.1】从一个已经注册的 JDBC 驱动来访问 MySQL 数据库，如果连接成功，则返回相应的 connection 对象。

```
String url=" jdbc:mysql: //localhost:3306/cms";
String username="gdqy";
String password="123456";
Connection conn=DriverManager.getConnection(url,username,password);
```

3. 创建发送 SQL 语句到数据库的对象

Connection 接口中的 createStatement() 方法用于创建发送 SQL 语句到数据库的对象，该方法将返回一个默认的 Statement 对象。其使用格式如下：

```
conn.createStatement();
```

conn 为一个已经创建的 Connection 对象。

4. 执行给定的 SELECT 语句

Statement 接口中的 executeQuery() 方法用于执行给定的 SELECT 语句，并将结果存储在一个 ResultSet 对象中。

```
state.executeQuery(sql);
```

其中，state 是一个已经创建的 Statement 对象；sql 参数为要执行的 SELECT 语句。

提 示

executeQuery()方法只能用于执行SELECT语句，如需执行其他SQL语句，则要选择其他的方法。

5．执行插入、更新和删除等 SQL 语句

Statement 接口中的 executeUpdate() 方法用于执行插入、更新和删除等 SQL 语句，使用格式如下：

```
state.executeUpdate(sql);
```

executeUpdate() 方法的返回值是执行 SQL 语句后所影响的数据表行数。

sql 参数为要执行的插入、更新、删除等 SQL 语句。

6．执行所有的 SQL 语句

当无法确定执行的 SQL 语句是查询还是更新操作时，可以使用 Statement 接口中的 execute () 方法，使用格式如下：

```
state.execute (sql);
```

execute() 方法的返回值是 boolean 类型的值。当返回值为 true 时，表示执行的是查询语句；当返回值是 false 时，表示执行的是更新语句。

当需要获得 execute () 方法执行查询语句后的结果时，可以执行 state.getResultSet() 方法，该方法会将查询结果存储在返回的 ResulteSet 对象中。

当需要获得 execute () 方法执行更新语句后影响的数据表行数时，可以调用 state.getUpdate() 方法。

【示例 9.2】执行指定的 SQL 语句，根据 SQL 语句类型不同，返回不同的结果。

```
Statement state=conn.createStatement(); // 创建 Statement 对象
sql="SELECT * FROM tb_user";            // 定义 sql 变量，其值为要执行的 SQL 语句
boolean st=state.execute(sql);          // 执行 SQL 语句
if(st==true){                           // 如果执行的是查询语句
ResultSet result=state.getResultSet();// 将查询结果存储在 ResultSet 对象 result 中
}
else{                                   // 如果执行的是更新语句
int line=state.getUpdateCount(); }      // 将更新操作影响的数据表行数保存在 line 变量中
```

7．访问查询结果

ResulteSet 接口中有许多用于访问查询结果的方法，具体的方法参考表 9-1。

表9-1　访问查询结果的方法

方法名	方法功能说明
result.next()	将访问指针从结果集的当前位置移动到下一行。如果已经到结果集的末尾，则返回值为空
result.first()	用于将访问指针移动到结果集的第一行

续表

方法名	方法功能说明
result.last()	用于将访问指针移动到结果集的最后一行
result.isFirst()	判断访问指针当前是否在第一行
result.isLast()	判断访问指针当前是否在最后一行
result.getString(field_name)	获取字符串类型字段的值，field_name为字段名
result.getInt(filed_name)	获取整数类型字段的值，field_name为字段名

【示例 9.3】查询用户数据库，然后依次输出用户 ID 和用户名。

```
sql="SELECT * FROM tb_user";
ResultSet result=stat.executeQuery(sql);                // 执行查询语句
   while(result.next()){                                // 判断是否还有记录
         int id=result.getInt("U_id");                  // 获取 U_id 字段的值
         String user=result.getString("UserName");      // 获取 UserName 字段的值
         System.out.println(id+" "+user);               // 输出字段的值
   }
```

8. 对象的关闭

调用 close() 方法关闭创建的 Connection 对象、Statement 对象和 ResultSet 对象。

和创建对象的顺序相反，依次关闭的顺序是 ResultSet 对象、Statement 对象和 Connection 对象。这三种对象都是调用 close() 方法来关闭，使用格式如下：

```
对象名 .close ();
```

【示例 9.4】根据对象的类型，将不同的对象关闭。

```
if(result!=null){
                result.close();
                result=null;
          }
if(stat!=null){
                stat.close();
                stat=null;
          }
if(conn!=null){
                conn.close();
                conn=null;
          }
```

9.1.3 Java访问MySQL应用实例

1. 任务描述

JDBC 是 Java 用来与数据库建立连接的一种技术，可以说是 Java 的一套用来建立连接的 API，它是连接数据库和 Java 应用程序的一条纽带。下面用 JDBC 技术利用 Java 程序来对 MySQL 数据库进行增删改查，最后将修改后的数据库备份。

2．任务分解

根据前面所述的 Java 操作 MySQL 数据库的定义和方法，可按照以下步骤完成该任务。

（1）了解访问数据库时所需要的类及接口。

（2）指明 JDBC 驱动的类型，同时对驱动设置失败进行提示，以便今后在程序中查找错误。

（3）连接数据库服务器。

（4）对 MySQL 数据库进行增删改查等操作。

①查询 tb_user 数据表，并输出所有记录的 U_id、UserName、password 及 Dep_Code 字段的值。

②修改 tb_user 数据表，将表中所有记录的 Dep_Code 字段前添加字符串“gdqy”。

③在 tb_user 数据表中增加一条记录。

（5）对数据库进行备份操作。

3．操作步骤

（1）安装好 JDBC 驱动后，创建 Java 项目，然后在项目中添加一个名为 mysql_exam1 的类。

（2）在类 mysql_exam1 外面添加所需导入的外部类及接口，如图 9-5 所示。

```
import java.sql.Connection;
import java.sql.DriverManager;
import java.sql.ResultSet;
import java.sql.SQLException;
import java.sql.Statement;
```

```
package mysql_interface;
import java.sql.Connection;
import java.sql.DriverManager;
import java.sql.ResultSet;
import java.sql.SQLException;
import java.sql.Statement;
import java.io.*;

public class mysql_exam1 {
    public static void main(String[] args) {
        String url="jdbc:mysql://localhost:3306/cms";
        String username="gdqy";
        String password="123456";
        String sql = "SELECT * FROM tb_user";  //定义sql变量，其值为要执行的SQL语句
        //String sql = "Update tb_user Set Dep_Code=CONCAT('gdqy',Dep_Code)";
        //String sql = "INSERT INTO tb_user VALUES (20141003,'王五','333333',NULL,'1','3','1')";
        try{
            Class.forName("com.mysql.jdbc.Driver");
            Connection conn=DriverManager.getConnection(url,username,password);
            Statement state=conn.createStatement();     //创建Statement对象
            boolean st=state.execute(sql);              //执行SQL语句
            if(st==true){                               //如果执行的是查询语句
                ResultSet result=state.getResultSet(); //将查询结果存储在ResultSet对象result中
                int i=1;                                //i为输出记录的序号
                while(result.next()){
                    int id = result.getInt("U_id");
```

导入外部类与接口

图9-5　导入外部类与接口

（3）准备连接及操作数据库所需要的参数和变量。

对于连接数据库服务器，需要 3 个参数，分别是 URL 地址、数据库服务器用户名和数据库服务器密码，用户可根据自己计算机的数据库服务器配置情况来设置它们的值。

```
String url="jdbc:mysql://localhost:3306/cms";
String username="gdqy";
```

```
String password="123456";
```

另外，由于在设置驱动类型和连接数据库服务器时可能会出现异常，因此还需进行异常处理。具体操作如图 9-6 所示。

```
try{
    Class.forName("com.mysql.jdbc.Driver");
    Connection conn=DriverManager.getConnection(url,username,password);      设置驱动类型和连接数据服务器
    Statement state=conn.createStatement();         //创建Statement对象
    boolean st=state.execute(sql);                  //执行SQL语句
    if(st==true){                                   //如果执行的是查询语句
        ResultSet result=state.getResultSet();  //将查询结果存储在ResultSet对象result中
        int i=1;
        while(result.next()){
            int id = result.getInt("U_id");
            String name = result.getString("UserName");
            String pw = result.getString("password");
            String dep_code = result.getString("Dep_Code");
            System.out.println(i+". "+name+"  "+pw+"  "+dep_code);
            i++;}
    }
    else{                                           //如果执行的是更新及添加语句
        int line=state.getUpdateCount();            //将操作影响的数据表行数保存在line变量
        System.out.println("操作影响的数据有"+line+"行！");
    }
}catch(ClassNotFoundException e){
    System.out.println("没有找到数据驱动");                  异常处理
}catch(SQLException e){
    System.out.println("数据服务器连接失败");
}
}
```

图9-6 设置驱动类型及连接数据库服务器并进行异常处理

（4）利用 JDBC 接口中的方法对数据库进行查询操作。

查询数据表 tb_user 中的所有数据并输出。具体操作如图 9-7 所示。

```
public class mysql_exam1 {
    public static void main(String[] args) {
        String url="jdbc:mysql://localhost:3306/cms";
        String username="gdqy";                                        查询的SQL语句
        String password="123456";
        String sql = "SELECT * FROM tb_user";  //定义sql变量，其值为要执行的SQL语句
        //String sql = "Update tb_user Set Dep_Code=CONCAT('gdqy',Dep_Code)";
        //String sql = "INSERT INTO tb_user VALUES (20141003,'王五','333333',NULL,'1','3','1')";
        try{
            Class.forName("com.mysql.jdbc.Driver");
            Connection conn=DriverManager.getConnection(url,username,password);
            Statement state=conn.createStatement();          //创建Statement对象
            boolean st=state.execute(sql);                   //执行SQL语句
            if(st==true){                                    //如果执行的是查询语句
                ResultSet result=state.getResultSet();  //将查询结果存储在ResultSet对象result中
                int i=1;                                     //i为输出记录的序号
                while(result.next()){
                    int id = result.getInt("U_id");
                    String name = result.getString("UserName");
                    String pw = result.getString("password");               通过循环输出所有
                    String dep_code = result.getString("Dep_Code");         记录的指定字段值
                    System.out.println(i+". "+name+"  "+pw+"  "+dep_code);
                    i++;
                    }
            }
```

图9-7 查询数据表tb_user并输出

查询操作的输出结果如下所示。

```
1. 张三 111111  1
2. 李四 222222  2
```

提 示

url的值jdbc:mysql://localhost:3306/cms是指利用JDBC来访问MySQL数据库本地服务器，连接端口为3306，连接的数据库名为cms。

（5）利用 JDBC 接口中的方法对数据库进行更新操作。

下面将利用 JDBC 接口对 MySQL 数据库执行更新操作，将 tb_user 数据表中所有 Dep_Code 字段前连接一个“gbqy”字符串。具体执行代码如图 9-8 所示。

```
String password="123456";
//String sql = "SELECT * FROM tb_user";  //定义sql变量，其值为要执行的SQL语句
String sql = "Update tb_user Set Dep_Code=CONCAT('gdqy',Dep_Code)";        执行更新操作的SQL语句
//String sql = "INSERT INTO tb_user VALUES (20141003,'王五','333333',NULL,'1','3','1')";
try{
    Class.forName("com.mysql.jdbc.Driver");
    Connection conn=DriverManager.getConnection(url,username,password);
    Statement state=conn.createStatement();     //创建Statement对象
    boolean st=state.execute(sql);              //执行SQL语句
    if(st==true){                               //如果执行的是查询语句
        ResultSet result=state.getResultSet(); //将查询结果存储在ResultSet对象result中
        int i=1;                                //i为输出记录的序号
        while(result.next()){
            int id = result.getInt("U_id");
            String name = result.getString("UserName");
            String pw = result.getString("password");
            String dep_code = result.getString("Dep_Code");
            System.out.println(i+". "+name+"  "+pw+"  "+dep_code);
            i++;
            }
    }
    else{                                       //如果执行的是更新及添加语句
        int line=state.getUpdateCount();        //将操作影响的数据表行数保存在line变量
        System.out.println("操作影响的数据有"+line+"行！");      输出更新操作影响到的记录数
    }
}catch(ClassNotFoundException e){
```

图9-8　更新数据表tb_user

执行上面的更新操作，在 Eclipse 的输出窗口得到的结果为：

操作影响的数据有2行！

执行更新操作前数据表内容如图 9-9 所示。

```
mysql> select * from tb_user;
+----------+----------+----------+-------+-------+----------+-------+
| U_id     | UserName | Password | Email | Lever | Dep_Code | State |
+----------+----------+----------+-------+-------+----------+-------+
| 20141001 | 张三     | 111111   | NULL  | 1     | 1        | 1     |
| 20141002 | 李四     | 222222   | NULL  | 1     | 2        | 1     |
+----------+----------+----------+-------+-------+----------+-------+
2 rows in set (0.03 sec)
```

图9-9　更新之前的数据表tb_user

执行更新操作后，数据表 tb_user 的内容如图 9-10 所示。

```
mysql> select * from tb_user;
+----------+----------+----------+-------+-------+----------+-------+
| U_id     | UserName | Password | Email | Lever | Dep_Code | State |
+----------+----------+----------+-------+-------+----------+-------+
| 20141001 | 张三     | 111111   | NULL  | 1     | gdqy1    | 1     |
| 20141002 | 李四     | 222222   | NULL  | 1     | gdqy2    | 1     |
+----------+----------+----------+-------+-------+----------+-------+
2 rows in set (0.00 sec)
```

图9-10　更新之后的数据表tb_user

提　示

SQL命令行中的CONCAT('gdqy',Dep_Code)函数的作用是将Dep_Code字段的值和字符串“gdqy”连接，将连接后的结果更新原Dep_Code字段。

（6）在数据表 tb_user 中添加一条新记录。

在表 tb_user 中插入一条新纪录，并查询执行插入操作后数据表的内容变化情况。具体代码如图 9-11 所示。

```
String url="jdbc:mysql://localhost:3306/cms";
String username="gdqy";
String password="123456";
//String sql = "SELECT * FROM tb_user";  //定义sql变量，其值为要执行的SQL语句
//String sql = "Update tb_user Set Dep_Code=CONCAT('gdqy',Dep_Code)";
String sql = "INSERT INTO tb_user VALUES (20141003,'王五','333333',NULL,'1','3','1')";
try{
    Class.forName("com.mysql.jdbc.Driver");
    Connection conn=DriverManager.getConnection(url,username,password);
    Statement state=conn.createStatement();      //创建Statement对象
    boolean st=state.execute(sql);               //执行SQL语句
    if(st==true){                                //如果执行的是查询语句
        ResultSet result=state.getResultSet(); //将查询结果存储在ResultSet对象result中
        int i=1;                                 //i为输出记录的序号
        while(result.next()){
            int id = result.getInt("U_id");
            String name = result.getString("UserName");
            String pw = result.getString("password");
            String dep_code = result.getString("Dep_Code");
            System.out.println(i+". "+name+"  "+pw+"  "+dep_code);
            i++;
            }
    }
    else{                                        //如果执行的是更新及添加语句
    int line=state.getUpdateCount();             //将操作影响的数据表行数保存在line变量
    System.out.println("操作影响的数据有"+line+"行!");
```

插入新记录的SQL语句

获得受插入操作SQL命令影响的记录数

图9-11　在数据表tb_user中插入一条新记录

执行插入操作前后数据表的内容变化如图 9-12 和图 9-13 所示。

```
mysql> select * from tb_user;
+----------+----------+----------+-------+-------+----------+-------+
| U_id     | UserName | Password | Email | Lever | Dep_Code | State |
+----------+----------+----------+-------+-------+----------+-------+
| 20141001 | 张三         | 111111   | NULL  | 1     | gdqy1    | 1     |
| 20141002 | 李四         | 222222   | NULL  | 1     | gdqy2    | 1     |
+----------+----------+----------+-------+-------+----------+-------+
2 rows in set (0.03 sec)
```

图9-12　在数据表插入记录前

```
mysql> select * from tb_user;
+----------+----------+----------+-------+-------+----------+-------+
| U_id     | UserName | Password | Email | Lever | Dep_Code | State |
+----------+----------+----------+-------+-------+----------+-------+
| 20141001 | 张三         | 111111   | NULL  | 1     | gdqy1    | 1     |
| 20141002 | 李四         | 222222   | NULL  | 1     | gdqy2    | 1     |
| 20141003 | 王五         | 333333   | NULL  | 1     | 3        | 1     |
+----------+----------+----------+-------+-------+----------+-------+
3 rows in set (0.00 sec)
```

图9-13　在数据表插入记录后

提　示

在SQL数据库服务器中采用命令行中的方式查询数据表的内容，当数据表中有中文内容时，可能显示结果是乱码，这是由于编码格式不匹配所引起的，只需在查询前执行一条命令“set names gb2312”即可解决。

（7）将更新后的数据表 tb_user 备份。

在完成了对数据表的相关操作后，可以利用备份命令 mysqldump 将修改后的数据库导出备份。该命令的语法格式如下：

```
mysqldump -u 用户名 -p 密码 --opt 数据库名 表名 1 表名 2 > 导出的文件名
```

参数 u 表示登录数据库服务器的用户名，参数 p 表示登录密码，数据库名表示要备份的数据库，opt 参数可以提高文件导出速度，表名则为指定要备份的数据表，如果数据表参数默认，则表明要备份整个数据库。下面利用该命令将数据表 tb_user 导出并保存为 tb_u.sql 文件。具体代码如图 9-14 所示。

提 示

在参数-p和密码之间不能有空格，否则在执行备份操作时会出错。

```
                String dep_code = result.getString("Dep_Code");
                System.out.println(i+". "+name+"  "+pw+"  "+dep_code);
                i++;
                }
        }
        else{                                        //如果执行的是更新及添加语句
            int line=state.getUpdateCount();         //将操作影响的数据表行数保存在line变量
            System.out.println("操作影响的数据有"+line+"行!");
        }
    }catch(ClassNotFoundException e){
        System.out.println("没有找到数据驱动");
    }catch(SQLException e){
        System.out.println("数据服务器连接失败");
    }

    String bk_str = "mysqldump -u gdqy -p123456 --opt cms tb_user > d:/tb_u.sql";
    Runtime rt = Runtime.getRuntime();               //获得Runtime对象
    try{
        rt.exec("cmd /c"+bk_str);
        System.out.println("备份数据库成功");
    }catch(IOException e){
        System.out.println("备份数据库出错");
    }
  }
}
```

完成备份操作的命令

利用cmd命令打开DOS窗口执行备份命令，然后利用/c参数关闭打开的窗口。

图9-14 备份数据表tb_user

如果测试结果符合预期，则任务到此结束。

9.2 C#访问MySQL数据库

9.2.1 C#驱动的下载与安装

1．C# 语言简介

C# 是微软公司于 2000 年 6 月发布的一种面向对象的、运行于 .NET 结构之上的高级程序设计语言。C# 的代码看起来与 Java 很相似，比如它和 Java 一样包括了诸如单一继承、接口，以及几乎一样的语法和编译中间代码运行的过程。但是 C# 与 Java 也有着明显的不同，它与 COM（组件对象模型）是直接集成的，并且是微软公司 .NET 网络框架的主要组成部分。

C# 是一种安全的、稳定的、简单的面向对象的编程语言，它在继承 C 和 C++ 强大功能的同时去掉了一些它们的复杂特性。C# 综合了 VB 简单的可视化操作和 C++ 的高运行效率，以其强大的操作能力、优雅的语法风格、创新的语言特性和便捷的面向组件编程的支持成为

基于 Web 应用开发的首选语言之一。对于 MySQL 这种常用的 Web 应用数据库，用户需要详细了解 C# 与之的接口方法和基本的操作原理。

2．下载 .NET 驱动程序

C# 可以采用多种方式来访问 MySQL 数据库，如可以通过 Connector/ODBC 和 ODBC 来访问，也可以通过 Connector/Net 来访问。以上几种方式中，利用 Connector/Net 驱动来访问 MySQL 数据库是 MySQL 官方推荐的方式，其兼容性更好、访问效率更高，因此在本节中将以 Connector/Net 驱动为例，详细讲解 C# 与 MySQL 的接口方式与操作方法。

首先登录到 MySQL 的官方网站：http://dev.mysql.com/downloads/connector/net/，选择 Connector/Net 驱动下载，目前最新的版本是 6.8.3，如图 9-15 所示。

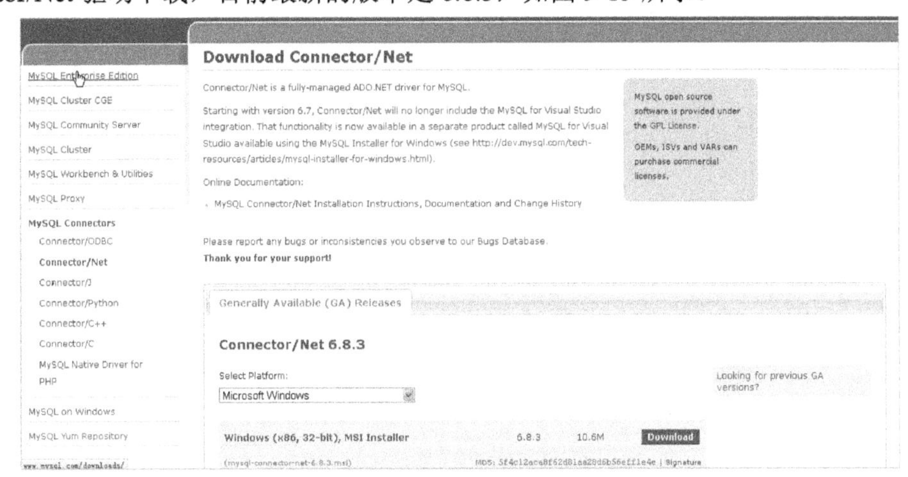

图9-15 Connector/Net驱动下载

3．安装 Connector/Net 驱动程序

Connector/Net 驱动下载完成后，在本地硬盘上的文件名为 mysql-connector-net-6.8.3.msi，其安装步骤如下：

（1）双击 mysql-connector-net-6.8.3.msi 文件，弹出 Connector/Net 驱动安装欢迎界面，如图 9-16 所示。

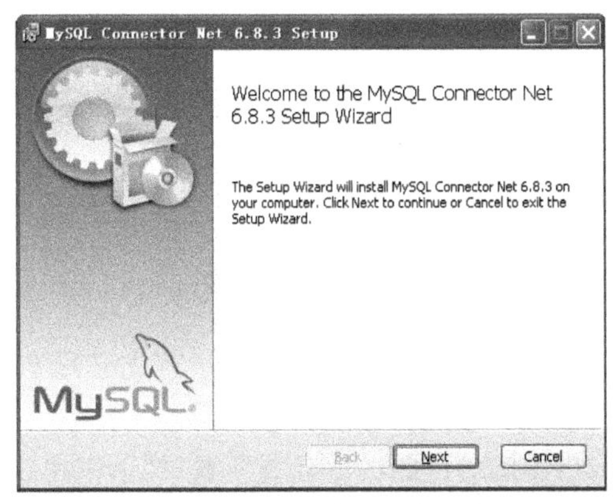

图9-16 Connector/Net驱动安装欢迎界面

（2）单击 Next 按钮，进入到选择安装模式界面，一共有 3 种安装模式，分别是 Typical（典型）、Custom（自定义）和 Complete（完全）。这里选择 Typical（典型）的安装模式，如图 9-17 所示。

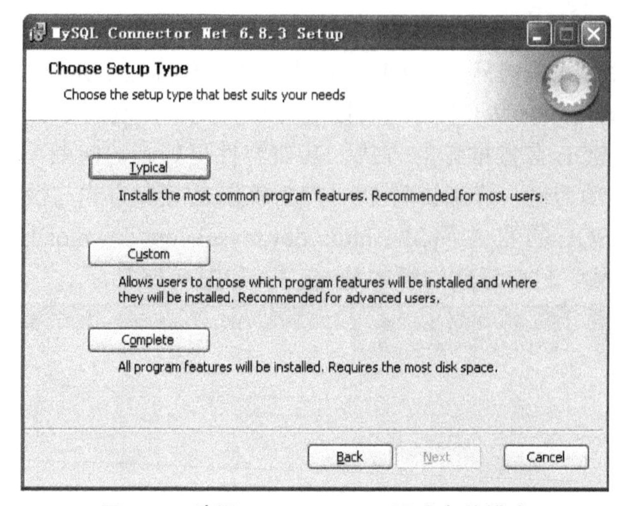

图9-17　选择Connector/Net驱动安装模式

（3）在 Typical（典型）安装模式中，单击 Install 按钮进行安装，安装完成的驱动程序文件默认保存在 C:\Program Files\MySQL\MySQL Connector Net 6.8.3 路径下，如图 9-18 所示。

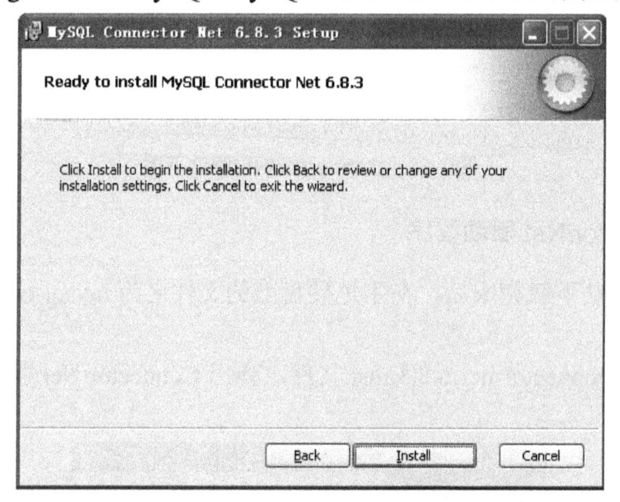

图9-18　Connector/Net驱动安装

9.2.2　C#访问MySQL基本操作

1. 如何在 C# 应用程序中引用 Connector/Net 驱动

当需要在 C# 应用程序中访问 MySQL 数据库时，首先必须在项目中添加 MySQL 引用。具体步骤如下：

（1）首先在 Visual Studio 2010 开发工具的 项目(P) 菜单中单击 添加引用(R)... 按钮，然后在弹出的对话框中选择 MySql.Data 组件，将 MySQL 驱动添加到当前项目中，如图 9-19 所示。

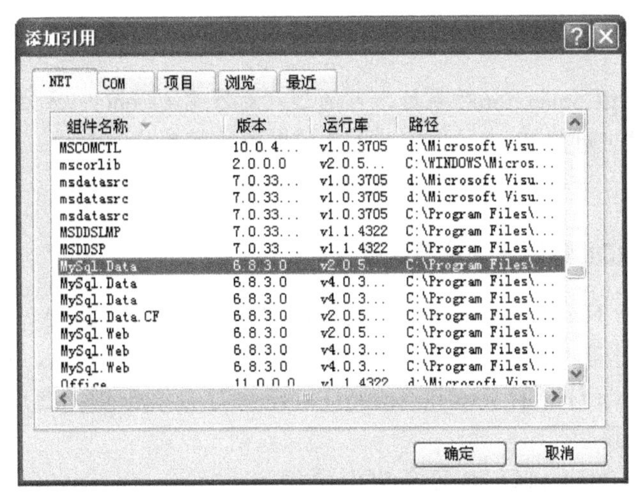

图9-19　添加MySql.Data引用

（2）用同样的方法在项目中添加 System.Data 引用即可。

提　示

当MySql.Data和System.Data引用没有正确添加时，调用C#应用程序中相应的MySql类库时，系统会提示“找不到类型或命名空间”信息。

2．连接 MySQL 数据库

当利用 Connector/Net 驱动访问 MySQL 数据库时，需要通过 MySqlClient 对象来连接 MySQL 数据库。因此，必须在 C# 程序最前面添加该类库的引用，引用语句如下：

```
using MySql.Data.MySqlClient;
```

接着，可通过创建 MySqlConnection 对象来连接 MySQL 数据库。具体语句如下：

```
MySqlConnection mycon = new MySqlConnection("server=主机名或服务器地址;User Id=用户名; password=密码; Database=数据库名");
```

连接 MySQL 数据库时，需提供主机名、用户名、用户密码及数据库名 4 个参数，参数之间用“;”隔开。

【示例 9.5】访问本地的 MySQL 数据库，连接用户是 root，密码是 123456，要连接的数据库是 cms，相应的 C# 语句如下：

```
string constr = "server=localhost;User Id=root;password=123456;Database=cms";
MySqlConnection mycon = new MySqlConnection(constr);
mycon.Open();
if (mycon.State.ToString() == "Open") {
Console.WriteLine("连接 MySQL 数据库成功");
}else {
Console.WriteLine("连接 MySQL 数据库失败");
}
```

提　示

当创建好MySqlConnection对象后，可通过“对象名.Open()”方法打开连接；程序执行完毕后，可通过“对象名.Close()”方法关闭数据库连接。

3．C# 中对 MySQL 数据库的增查改操作

当利用 Connector/Net 驱动连接到 MySQL 数据库后，可以通过 MySqlCommand 对象来定义要执行的 SQL 语句，然后调用 ExecuteNonQuery() 方法执行添加、删除和更新等操作；通过调用 ExecuteReader() 或者 ExecuteScalar() 方法执行查询操作；通过 MySqlDataReader() 方法获得查询后的结果。

（1）利用 MySqlCommand 对象定义 SQL 语句。

```
MySqlCommand mycmd = new MySqlCommand("SQL 语句 ",conn);
```

上面的语句中，“SQL 语句”表示要执行的 SQL 命令，如添加、删除、更新、查询等；conn 是连接 MySQL 数据库的 MySqlConnector 对象 。

（2）执行添加操作。

如需在 MySQL 数据库中添加新的记录，可以首先利用 MySqlCommand 对象来定义 SQL 语句，然后利用 ExecuteNonQuery() 方法执行该 SQL 语句。可以使用以下语句：

```
MySqlCommand mycmd = new MySqlCommand("SQL 语句 ",conn);
int line = mycmd.ExecuteNonQuery();
```

上面的 mycmd 是 MySqlCommand 对象，可利用 mycmd 对象调用 ExecuteNonQuery() 方法来执行添加操作。如果添加成功，将返回新记录添加到的数据表行数。

【示例 9.6】访问本地的 MySQL 数据库，在数据表 tb_user 中添加一条记录。相应的 C# 语句如下：

```
MySqlCommand mycmd = new MySqlCommand("insert into tb_user (U_id,UserName,Password,Email)
values('20141005',' 小王 ','did369','336492@qq.com')", mycon);
if (mycmd.ExecuteNonQuery() > 0)
{
Console.WriteLine(" 数据插入成功！ ");
}
```

执行添加操作后的数据表内容如图 9-20 所示。

```
mysql> select * from tb_user;
+----------+----------+----------+---------------+-------+----------+-------+
| U_id     | UserName | Password | Email         | Lever | Dep_Code | State |
+----------+----------+----------+---------------+-------+----------+-------+
| 20141001 | 张三     | 111111   | NULL          | 1     | gdqy1    | 1     |
| 20141002 | 李四     | 222222   | NULL          | 1     | gdqy2    | 1     |
| 20141003 | 王五     | 333333   | NULL          | 1     | 3        | 1     |
| 20141005 | 小王     | did369   | 336492@qq.com |       | NULL     | NULL  |
+----------+----------+----------+---------------+-------+----------+-------+
4 rows in set (0.00 sec)
```

图9-20　执行添加操作后的数据表内容

（3）执行更新操作。

如需在 MySQL 数据库中更新已有记录，同样要首先使用 MySqlCommand 对象来定义更新操作的 SQL 语句，然后利用 ExecuteNonQuery() 方法执行该 SQL 语句。该方法如成功执行，将返回受更新操作影响的数据表行数。

【示例 9.7】访问本地的 MySQL 数据库，修改例 9.6 在数据表 tb_user 中添加的新记录，将 Dep_Code 字段值更新为 gdqy4，State 字段值更新为 1。具体的 C# 语句如下：

```
    MySqlCommand mycmd = new MySqlCommand("Update tb_user Set Dep_
Code='gdqy4',State=1
    Where U_id='20141005'",mycon);
    if (mycmd.ExecuteNonQuery() > 0)
    {
    Console.WriteLine("数据更新成功！ ");
    }
    Console.ReadLine();
```

执行更新操作后的数据表内容如图 9-21 所示。

```
mysql> select * from tb_user;
+----------+----------+----------+---------------+-------+----------+-------+
| U_id     | UserName | Password | Email         | Lever | Dep_Code | State |
+----------+----------+----------+---------------+-------+----------+-------+
| 20141001 | 张三     | 111111   | NULL          | 1     | gdqy1    | 1     |
| 20141002 | 李四     | 222222   | NULL          | 1     | gdqy2    | 1     |
| 20141003 | 王五     | 333333   | NULL          | 1     | 3        | 1     |
| 20141005 | 小王     | did369   | 336492@qq.com |       | gdqy4    | 1     |
+----------+----------+----------+---------------+-------+----------+-------+
4 rows in set (0.00 sec)
```

图9-21 执行更新操作后的数据表内容

（4）执行查询操作。

如果需要查询数据库中的记录信息，同样可通过定义 MySqlCommand 对象来确定要执行的具体查询操作，然后调用 ExecuteReader() 方法执行，查询结果放在一个 MySqlDataReader 对象中，可使用 Reader() 方法取出查询内容。具体操作过程如下面所示。

【示例 9.8】访问本地的 MySQL 数据库，查询数据表 tb_user 中的所有记录，为每条记录设置序号，并将用户 id、用户名、密码和邮箱字段输出。具体的 C# 语句如下：

```
    MySqlCommand mycmd = new MySqlCommand("select * from tb_user", mycon);
    MySqlDataReader dr = mycmd.ExecuteReader();
    int s_no = 1;                                    // 记录序号
    while (dr.Read()) {
    Console.Write(s_no+".  ");
    Console.WriteLine(dr["U_id"]+"   "+dr["UserName"]+"   "+dr["password"]+"
"+dr["Email"]);
            i++;
    }
    Console.ReadLine();
```

执行上述查询操作后的输出如图 9-22 所示。

```
连接MySQL数据库成功
1.  20141001  张三  111111
2.  20141002  李四  222222
3.  20141003  王五  333333
4.  20141005  小王  did369  336492@qq.com
```

图9-22 执行查询操作的输出

4. C# 中备份和还原 MySQL 数据库

在 C# 语言中，同样可使用 mysqldump 命令来备份 MySQL 数据库。由于 mysqldump 命令通常要在命令行方式下运行（即 DOS 状态），所以需要调用 C# 中 Process 类的相关方法调用 cmd 命令来执行备份和还原操作。下面对这些类和方法作简单介绍。

1）Process 类及其常用方法

在备份和还原 MySQL 数据库中，需要使用 Process 和 ProcessStartInfo 等类，它们都包含在 System.Diagnostics 命名空间中，因此在调用这些类中的方法之前，首先应该引用 System.Diagnostics 命名空间如下：

```
using  System.Diagnostics;
```

接着，需要定义启动外部进程时所需要的各种参数，通过创建 ProcessStartInfo 对象来实现。

```
ProcessStartInfo p_info = new ProcessStartInfo();
p_info.FileName = "cmd.exe";
p_info.Arguments = "/c mysqldump -u 用户名 -p密码 数据库名 数据表名 > 备份文件路径";
```

上面 ProcessStartInfo 对象中的 FileName 属性用于定义调用的外部文件名称；Arguments 属性则用于定义要执行的外部命令参数。参数说明与 9.1 节中 Java 备份 MySQL 数据库类似。

最后就可以调用 Process 类的 Start() 方法来执行外部命令，将 MySQL 数据库备份到指定的文件路径下。

```
Process.Start(p_info);
```

2）备份 MySQL 数据库

完成上面的参数定义后，即可开始执行数据库备份操作。

【示例 9.9】访问本地的 MySQL 数据库 cms，将其中的 tb_user 数据表备份到 d:\tb_user.sql。具体的 C# 语句如下：

```
ProcessStartInfo p_info = new ProcessStartInfo();
p_info.FileName = "cmd.exe";
p_info.Arguments = "/c mysqldump -u root -p123456 cms tb_user > d:/tb_user.
sql";
try{
Process.Start(p_info);
Console.WriteLine("数据库备份成功");
}
catch(InvalidOperationException e){
Console.WriteLine("数据库备份失败");
}
```

执行完上面代码后可在 d:\ 目录下找到 tb_user.dql 文件，则表明数据库备份成功。

3）还原 MySQL 数据库

当定义好数据库的各项参数后，即可利用 MySQL 外部命令来还原数据库，其使用方法和备份数据库基本相同。

```
ProcessStartInfo p_info = new ProcessStartInfo();
p_info.FileName = "cmd.exe";
p_info.Arguments = "/c mysql -u 用户名 -p 密码 数据库名 数据表名 < 需还原的文件路径";
Process.Start(p_info);
```

【示例 9.10】先确定删除本地 MySQL 数据库 cms 中的数据表 tb_user，然后将 d:\tb_user.sql 的数据文件还原到数据库中。具体的 C# 语句如下：

```
ProcessStartInfo p_info = new ProcessStartInfo();
p_info.FileName = "cmd.exe";
p_info.Arguments = "/c mysql -u root -p123456 cms < d:/tb_user.sql";
try
{
Process.Start(p_info);
Console.WriteLine("数据库还原成功");
}
catch (InvalidOperationException e)
{
Console.WriteLine("数据库还原失败");
}
```

执行完上面代码后可在数据库 cms 中找到数据表 tb_user，则表明数据库还原成功。

9.2.3　C#访问MySQL实例

1．任务描述

为了实现对用户信息表（tb_user）的操作跟踪，要求采用窗体设计的方法对该表进行添加、修改和查询操作。具体的操作界面如图 9-23 所示。

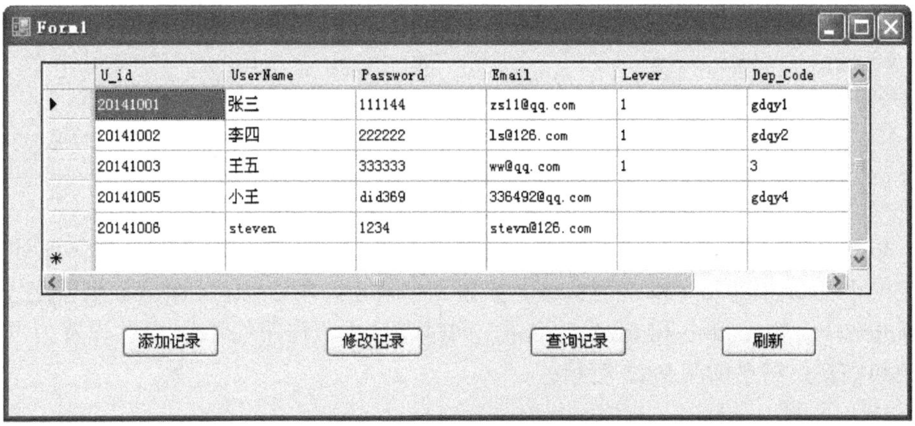

Form1

U_id	UserName	Password	Email	Lever	Dep_Code
20141001	张三	111144	zs11@qq.com	1	gdqy1
20141002	李四	222222	ls@126.com	1	gdqy2
20141003	王五	333333	ww@qq.com	1	3
20141005	小王	did369	336492@qq.com		gdqy4
20141006	steven	1234	stevn@126.com		

添加记录　修改记录　查询记录　刷新

图9-23　应用实例的操作界面

2．任务分解

根据前面所述的 C# 访问 MySQL 数据库的方法，可以将这一任务按照以下步骤完成。

（1）进行 Windows 窗体设置。

（2）导入访问 MySQL 数据库所需的类和引用。

（3）连接数据库服务器，利用 DataSet 和 DataTable 组件完成对数据表 tb_user 的查询和显示。

（4）对 MySQL 数据库进行添加、修改、查询等操作。

①查询 tb_user 数据表，并输出所有记录的 U_id、UserName、password、Dep_Code 等字段的值到主窗体。

②在主窗体中，单击修改按钮，打开修改窗体来修改 tb_user 数据表。

③在主窗体中，单击添加按钮，在 tb_user 数据表中增加一条记录。

④在主窗体中，单击刷新按钮，显示修改后的数据表。

3．操作步骤

（1）打开 Visual Studio 2010，创建一个新的 Windows 窗体工程 mysql_select，如图 9-24 所示。

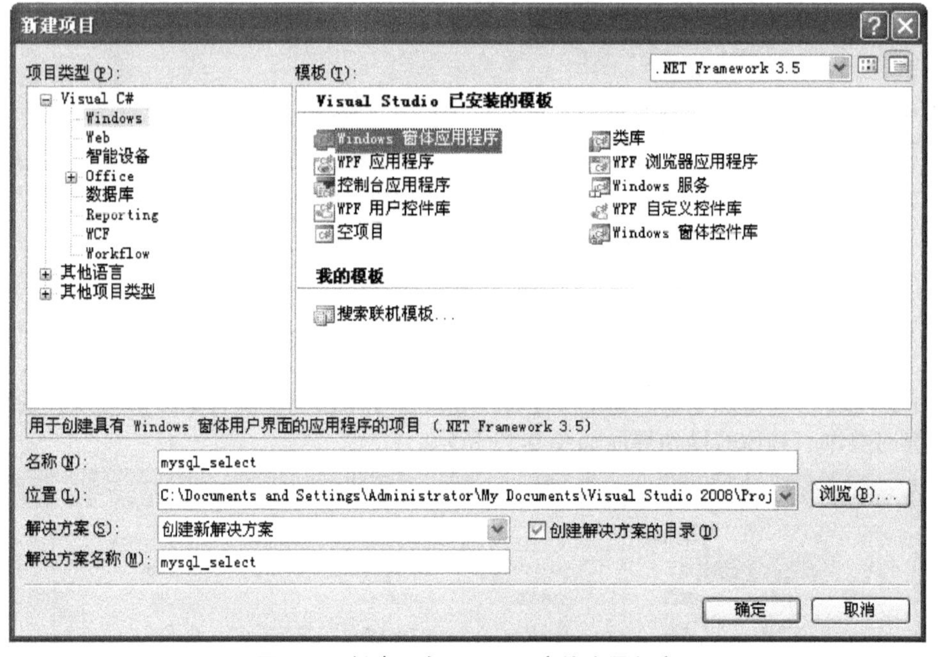

图9-24　创建一个Windows窗体应用程序

（2）单击主窗体 Form1，将其 Name 属性改为 FormDataTables。打开窗体设计工具箱，分别拖曳一个 dataGridView 和 3 个 button 按钮到窗体上，将 3 个按钮的 Name 属性分别修改为 add_button、modi_button 和 fresh_button，同时将这 3 个按钮的 Text 属性设置为添加记录、修改记录和刷新，结果如图 9-25 所示。

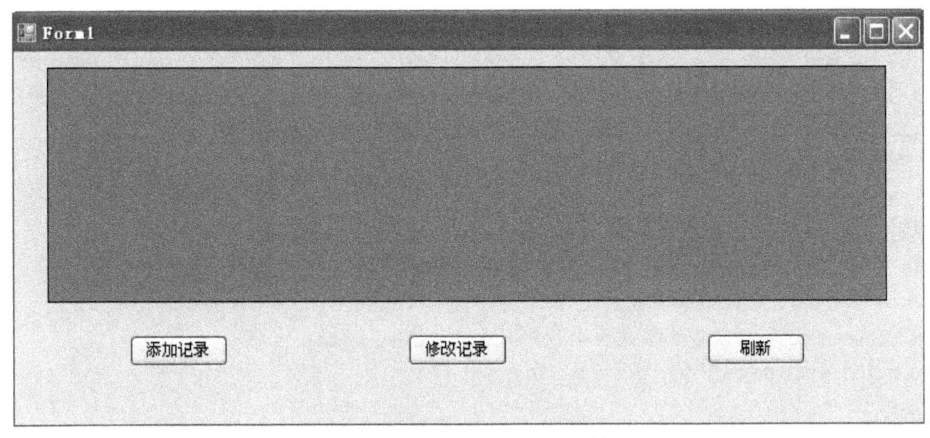

图9-25 在窗体上添加控件

（3）选择 项目(P) 菜单，单击 添加引用(R)... 按钮，在项目中添加 MySql.Data 引用。然后选择主窗体，单击 查看代码(C) 按钮，打开 FormDataTable.cs 文件，在文件头部添加连接 MySQL 数据库所需的类及命名空间，代码如下：

```
using MySql.Data;
using MySql.Data.MySqlClient;
```

（4）选定主窗体 FormDataTable，在 Visual Studio 2010 开发界面的右下角单击添加事件按钮，给窗体添加一个 Load 事件，如图 9-26 所示。

图9-26 给主窗体添加Load事件

（5）打开 FormDataTable.cs 文件，在 Load 事件处理函数中添加如下代码：

```
private void FormDataTable_Load(object sender, EventArgs e)
{
//连接本地MySQL数据库，用户名为root，密码为123456，数据库名为cms
string constr = "server=localhost;User Id=root;password=123456;Database=cms";
//利用MySqlConnection对象创建连接对象
MySqlConnection mycon = new MySqlConnection(constr);
//打开连接
mycon.Open();
```

```
    // 确定要执行的 SQL 命令
    MySqlCommand mycmd = new MySqlCommand("select * from tb_user", mycon);
    // 利用 MySqlDataAdapter 对象获取 SQL 命令，同时创建 DataSet 和 DataTable 对象
    MySqlDataAdapter my_da = new MySqlDataAdapter(mycmd);
    DataSet my_ds = new DataSet();
    DataTable my_dt = new DataTable();
    // 调用 Fill() 方法执行查询操作，同时将查询结果存放在 DataSet 对象中
    my_da.Fill(my_ds, "user_info");
    my_dt = my_ds.Tables["user_info"];
    // 利用 DataTable 对象取出数据表内容并填入 dataGridView 控件中
    dataGridView1.DataSource = my_dt;
    mycon.Close();
    }
```

完成上述代码后，运行程序，结果如图 9-27 所示。

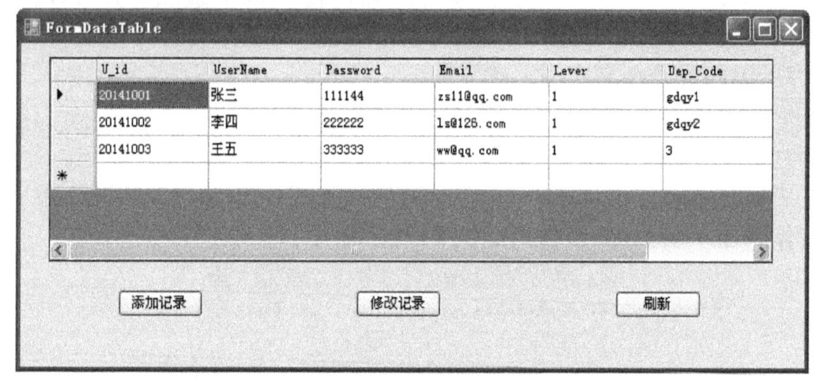

图9-27　将tb_user数据表内容显示到dataGridView组件

（6）用鼠标右键单击“解决方案资源管理器”中的 mysql_select 项目名，在项目中添加两个空白的 Windows 窗体 Form1.cs 和 Form2.cs，如图 9-28 所示。

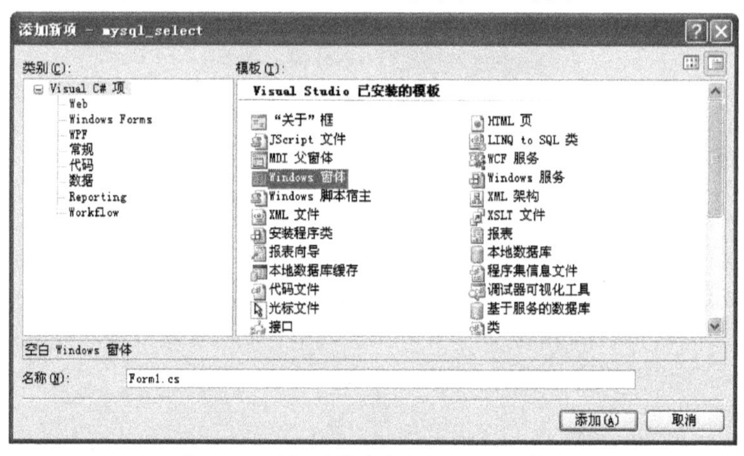

图9-28　添加两个空白的Windows窗体

（7）在两个空白窗体上添加控件，如图 9-29 所示，并分别将 4 个 TextBox 控件的 Name 属性设置为 u_id、username、pw 和 email。

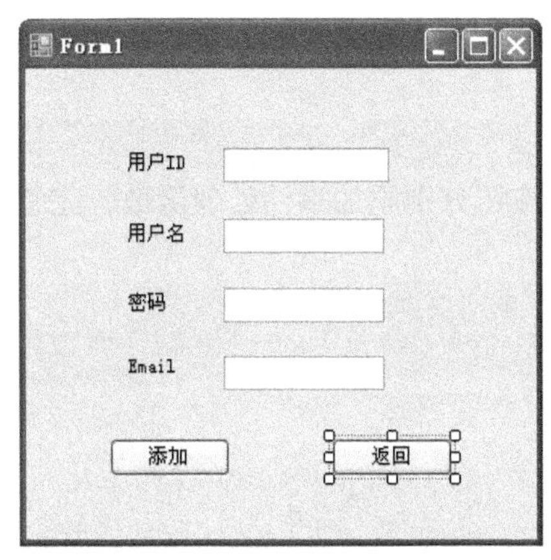

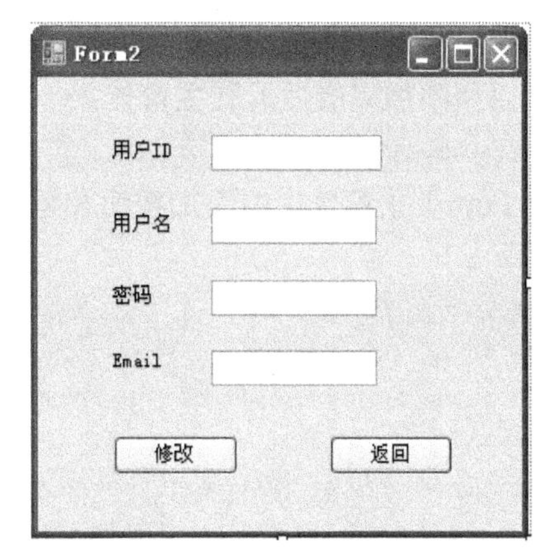

图9-29 设置子窗体

（8）对主窗体 FormDataTable 上的添加记录、修改记录和刷新按钮均添加一个 Click 事件。在 FormDataTable.cs 文件中给 FormDataTable 类增加一个整型的成员变量 modi_line，该成员变量用于指定数据表中要修改的记录行数。

```
public partial class FormDataTable : Form
 {
     public int modi_line;
     ….
 }
```

另外，添加、修改和刷新 3 个 Click 事件处理函数代码如下：

```
private void add_button_Click(object sender, EventArgs e)
{
 Form1 form1 = new Form1(this);   //创建一个 Form1 窗体对象，用于添加新记录
 this.Hide();                     //将主窗体隐藏
 form1.Show();                    //显示添加记录子窗体
}
private void modi_button_Click(object sender, EventArgs e)
{
 Form2 form2 = new Form2(this);   //创建一个 Form2 窗体对象，用于修改记录
 this.modi_line = dataGridView1.CurrentRow.Index; //记录当前要修改的记录行数
 this.Hide();                     //隐藏主窗体
 form2.Show();                    //显示修改记录子窗体
}
private void fresh_button_Click(object sender, EventArgs e)
{
 this.FormDataTable_Load(sender, e); //调用主窗体的 Load 事件处理函数刷新记录内容
}
```

（9）添加新记录到数据表中。打开 Form1.cs 文件，首先定义访问 MySQL 数据库所需的引用。

```
using MySql.Data;
using MySql.Data.MySqlClient;
```

然后给 Form1 窗体类添加一个 FormDataTable 类型的成员变量 m_form，用于存放主窗体的句柄，以便添加完成后返回主窗体。

```
public FormDataTable m_form;
```

接着给 Form1 子窗体中的添加按钮和返回按钮分别添加事件处理函数。完整的 Form1.cs 文件代码如下：

```
namespace mysql_select
{
 public partial class Form1 : Form
 {
     public FormDataTable m_form;          //用于存放主窗体的句柄
     public Form1(FormDataTable mainForm) //重写构造函数，初始化主窗体句柄指针
     {
         InitializeComponent();
         this.m_form = mainForm;
     }
     private void button1_Click(object sender, EventArgs e)   //添加记录操作
     {     //连接 MySQL 数据库的连接字符串
         string constr = "server=localhost;User Id=root;password=123456;
Database=cms";
         //创建 MySqlConnection 连接对象，建立连接
         MySqlConnection mycon = new MySqlConnection(constr);
         mycon.Open();
         int id = Convert.ToInt32(u_id.Text); //将输入框的用户 ID 转换为 32 位整数
         string u_name = username.Text;       //获取输入框中的用户名数据
         string p_w = pw.Text;                //获取输入框中的用户密码数据
         string em = email.Text;              //获取输入框中的 Email 数据
         //添加记录的 SQL 语句
 String comm_str = "insert into tb_user (U_id,UserName,Password,Email)
values("+id+",'"+u_name+"','"+p_w+"','"+em+"')";
         //创建 MySqlCommand 对象存放 SQL 命令
         MySqlCommand mycmd = new MySqlCommand(comm_str, mycon);
         try{
             mycmd.ExecuteNonQuery();         //执行添加操作
             MessageBox.Show("添加成功");
         }catch(MySqlException sql_e){
             MessageBox.Show("添加失败");
         }
     }
     private void button2_Click(object sender, EventArgs e) //返回主窗体
     {
         this.Hide();              //将当前子窗体隐藏
         m_form.Show();            //显示主窗体
     }
 }
}
```

如图 9-30 所示为添加记录时的子窗体及添加完成后的主窗体界面。

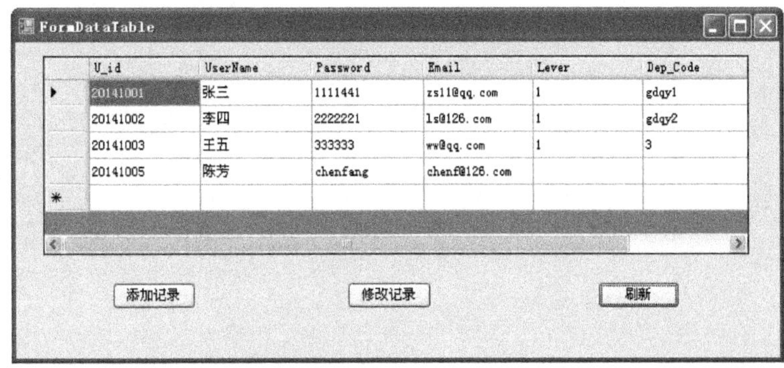

图9-30　添加新记录界面

（10）在数据表中修改记录。打开 Form2.cs 文件，首先导入访问 MySQL 数据库所需的引用。

```
using MySql.Data;
using MySql.Data.MySqlClient;
```

然后给 Form2 窗体类添加一个 FormDataTable 类型的成员变量 m_form，用于存放主窗体的句柄，以便修改完成后返回主窗体。

```
public FormDataTable m_form;
```

接着给 Form2 子窗体中的修改按钮和返回按钮分别添加事件处理函数。完整的 Form2.cs 文件代码如下：

```
namespace mysql_select
{
 public partial class Form2 : Form
 {
     public FormDataTable m_form;              //用于存放主窗体的句柄
     public Form2(FormDataTable mainForm)   //重写构造函数，初始化主窗体句柄指针
     {
         InitializeComponent();
         this.m_form = mainForm;
     }
     private void button2_Click(object sender, EventArgs e) //返回主窗体
     {
         this.Hide();             //将当前子窗体隐藏
         m_form.Show();           //显示主窗体
     }

     private void Form2_Load(object sender, EventArgs e)
     {
         string constr = "server=localhost;User Id=root;password=123456;
Database=cms";
         MySqlConnection mycon = new MySqlConnection(constr);
         mycon.Open();
         int m_line = m_form.modi_line;   //获取在主窗体选择的要修改记录行数
```

```
        MySqlCommand mycmd = new MySqlCommand("select * from tb_user limit "+m_
line+",1", mycon);                                 // 查询指定行数的数据表记录
        MySqlDataReader dr = mycmd.ExecuteReader();// 执行查询操作
        dr.Read();                                 // 读取结果到 dr 对象中
        u_id.Text = Convert.ToString(dr["U_id"]);  // 将数据表中 U_id 字段填入输入框
        username.Text = (string)dr["UserName"];    // 将 UserName 字段值填入输入框
        pw.Text = (string)dr["password"];          // 将 password 字段值填入输入框
        email.Text = dr["Email"].ToString();       // 将 Email 字段值填入输入框
        }
        private void button1_Click(object sender, EventArgs e)
        {
            string constr = "server=localhost;User Id=root;password=123456;
   Database=cms";
            MySqlConnection mycon = new MySqlConnection(constr);
            mycon.Open();
           // 获取输入框中修改后的数据
            int id = Convert.ToInt32(u_id.Text);
            string u_name = username.Text;
            string p_w = pw.Text;
            string em = email.Text;
            // 修改的 SQL 命令字符串
             String comm_str = "Update tb_user Set U_id="+id+",UserName='"+u_
name+"',
   Password='"+p_w+"',Email='"+em+"' where U_id="+id;
            MySqlCommand mycmd = new MySqlCommand(comm_str, mycon);
            try
            {
                mycmd.ExecuteNonQuery();
                MessageBox.Show(" 更新成功 ");
            }
            catch (MySqlException sql_e)
            {
                MessageBox.Show(" 更新失败 ");
            }
        }
    }
   }
```

如图 9-31 所示为添加记录时的子窗体及添加完成后的主窗体界面。

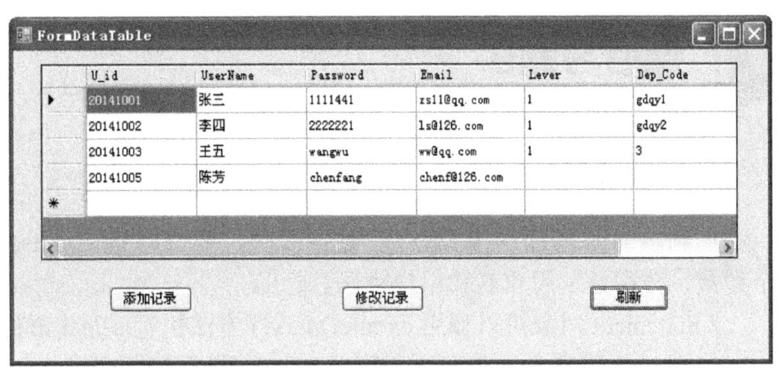

图9-31 修改记录界面

如果测试结果符合预期，则任务到此结束。

实训9

【实训目的】

1.Connector/Net 驱动的安装与配置。

2. 利用 Connector/Net 驱动实现常用的数据库操作。

3. 利用 Visual Studio C# 中的组件技术，在窗体中实现数据的输入 / 输出。

【实训准备】

1.MySQL 服务器及客户端。

2.Connector/Net 驱动。

3.Visual Studio 2010 开发工具。

4. 数据表 tb_user。

【实训步骤】

结合 C# 的窗体技术删除数据表 tb_user 中的指定记录，并在窗体中显示删除后数据表的内容。

利用窗体输入查询条件，将数据表 tb_user 中满足条件的记录在窗体中显示出来。注意掌握如何实现更新窗体中的数据内容。

（1）下载 Connector/Net 驱动并配置安装。

（2）创建数据库 cms 和数据表 tb_user。

（3）在 Visual Studio 2010 中创建 Windows 窗口应用程序，并利用工具箱设置窗体中所需的控件。

（4）完成窗体类文件的编写并添加相应的事件处理函数。

（5）在项目中添加 MySql.Data 引用。

（6）在事件处理函数中完成数据库的连接与查询操作。

（7）调试与测试，完成实训报告。

课后习题9

一、判断题

1. 利用 Java 程序连接 MySQL 数据库时，要调用 getConnection() 方法，其中需要定义两个参数，分别是：用户名和用户密码。（ ）

2.Statement 对象可以调用 excuteQuery() 方法执行 select 语句。（ ）

3. 在 Java 程序中加载驱动程序时，首先需要通过 Class.forName(" 驱动类型 ") 方式来加载添加到开发环境中的驱动程序。（ ）

4. 使用 C# 访问 MySQL 数据库时，必须安装 Connector/Net 驱动。（ ）

二、选择题

1. 利用 Java 备份 MySQL 数据库时，通常使用（ ）命令。

A．cmd 命令　　B．mysql 命令

C．mysqldump 命令　　D．DOS 命令

2. ResulteSet 接口中用于访问查询结果的方法，假设 result 为一个保存了查询结果的 ResulteSet 实例，那么下面（ ）方法能访问结果集中的下一条记录。

A．result.next()　　B．result.first()

C．result.last()　　D．result.ifFirst()

3. C# 访问 MySQL 数据库时，可使用（ ）方法来执行添加、更新和删除等操作。

A．ExecuteNonQuery()　　B．ExecuteReader()

C．ExecuteScalar()　　D．NextResult()

4. 在 java.sql 包中存在的访问 MySQL 数据库需要的类或接口包括（ ）。（多选题）

A．DriverManager 类　　B．Connection 接口

C．Statement 接口　　D．ResultSet 接口

5. 利用 C# 访问 MySQL 数据库时，需要在项目中添加的引用有（ ）。（多选题）

A．MySql.Data　　B．MySql.Data.MySqlClient

C．System.Data　　D．System.Diagnostics;

三、思考题

1. JDBC 的含义是什么？

2. 如何为 MySQL 配置 JDBC 数据源？

3. 结合本项目内容说明 C# 是如何访问 MySQL 数据库的。

第10章

PHP+MySQL开发企业新闻系统

学习目标

本章通过讲解完整的开发实例“企业新闻系统”，让读者了解数据应用系统开发的技能、数据库设计与实现的方法，以及数据库的连接和数据的访问机制。本章的学习目标包括：

- 了解项目设计思路。
- MySQL数据库的使用方法。
- PHP操作MySQL的函数与方法。
- PHP操作MySQL数据库数据的步骤。

学习导航

某企业经理要求技术员小黄制作一个自己企业的网站，明确提出了以下几点要求：①想对企业进行网络平台建设，如网络宣传平台、企业新闻平台；②网站能够实现企业的最新动态；③管理员能够对企业新闻、新闻分类进行管理。企业网站是企业网上的“门面”，许多客户可能并没有到过该企业，只是从网站中进行了解，然后建立信任关系，从而达成交易。所以企业网站与企业“门面”一样重要，并且随着经济的发展，会越来越重要。

本章的知识结构图如图10-1所示。

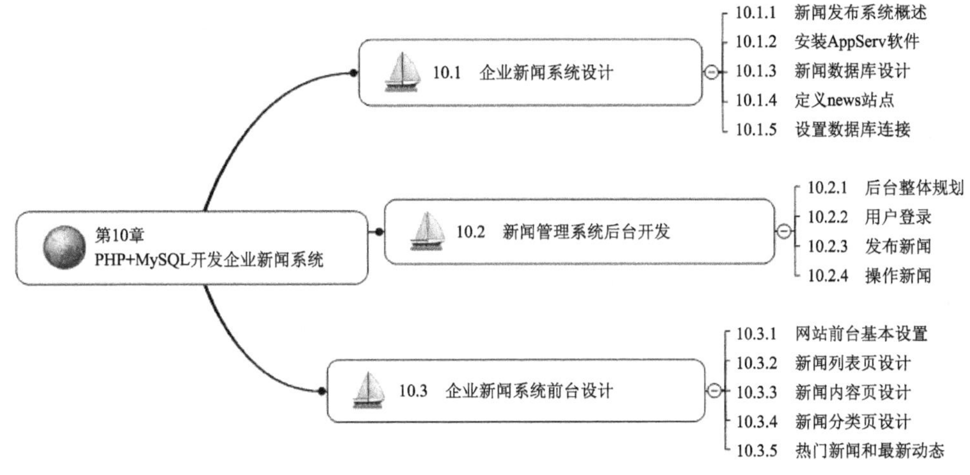

图10-1 知识结构图

10.1 企业新闻系统设计

企业新闻系统主要实现对企业新闻的分类、上传、审核、发布，通过对新闻的不断更新，让用户及时了解企业信息、企业状况。所以企业新闻系统中所涉及的主要操作就是访问者的新闻查询功能和系统管理员对企业新闻的新增、修改、删除功能。本项目主要讲述使用PHP实现企业新闻系统。

10.1.1 新闻发布系统概述

企业新闻系统，在技术上主要体现为如何显示企业新闻，以及对新闻及新闻分类的修改和删除。一个完整的企业新闻分为两大部分，一个是访问者访问新闻的动态网页部分，另一个是管理者对新闻进行编辑的动态网页部分。

在进行企业新闻系统开发之前，要对项目整体文件夹组织进行规划。对项目中使用的文件进行合理的分类，分别放置不同的文件夹下。本项目的文件组织架构规划如图10-2所示。

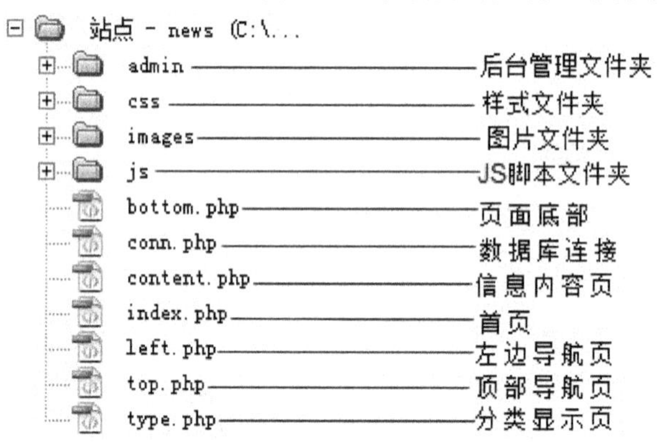

图10-2 文件组织架构

10.1.2 安装AppServ软件

AppServ是PHP网页架站工具组合包，作者将网络上一些免费的建站资源重新包装成单一的安装程序，以方便初学者快速完成架站。AppServ所包含的软件有Apache、Apache Monitor、PHP、MySQL、phpMyAdmin等。如果用户的本地机器没有安装过PHP、MySQL等系统，那么使用该软件则可以迅速搭建完整的底层环境。具体的安装步骤如下：

（1）打开官方网站http://www.appservnetwork.com/，找到相应的软件版本。

（2）双击软件，单击“Next”按钮进行安装，如图10-3所示。

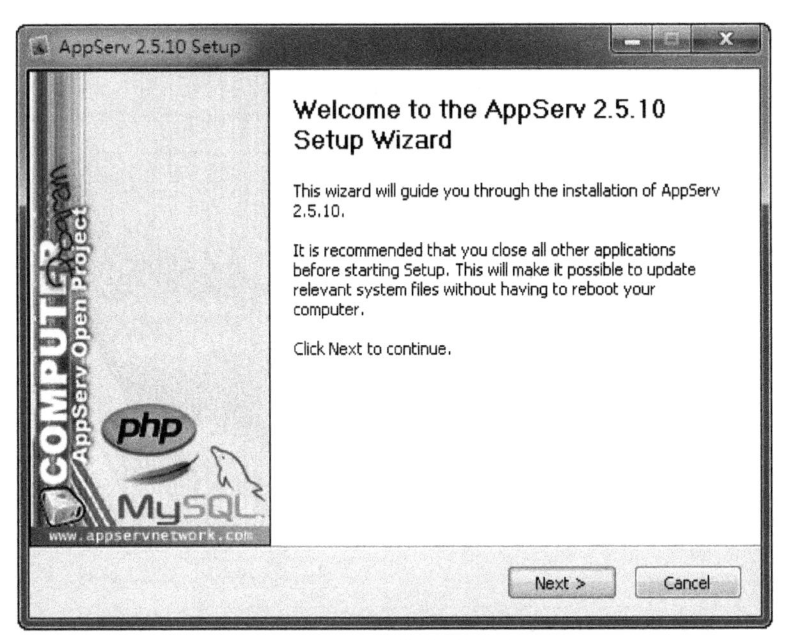

图10-3　安装向导界面

（3）选择 AppServ 的安装目录，以方便管理，如图 10-4 所示。

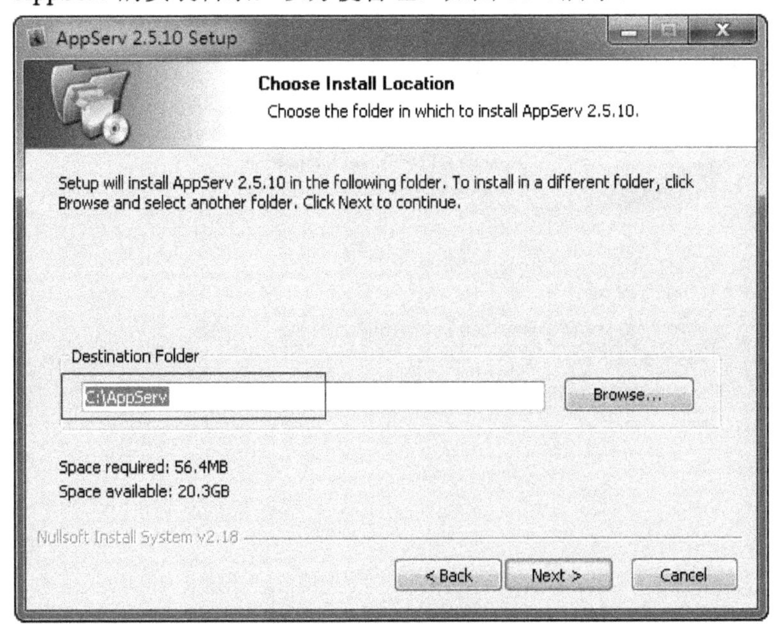

图10-4　设置安装路径

（4）选中要安装的组件，单击“Next”按钮，继续安装 AppServ，如图 10-5 所示。

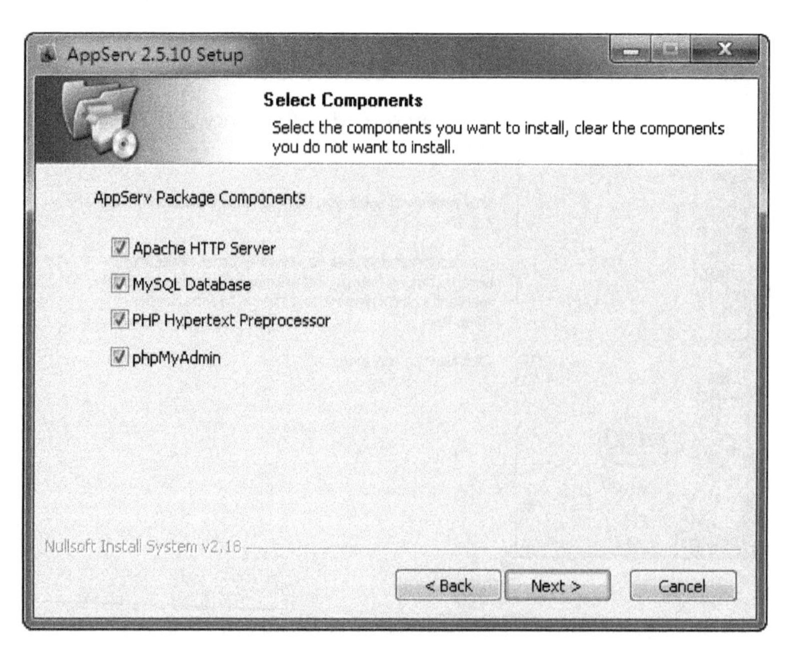

图10-5　选择安装组件

（5）配置 Apache 中的 Server Name、Email 及 HTTP 服务的端口。Server Name 一般设置为 localhost 或者 127.0.0.1，默认端口为 80，如图 10-6 所示。如果 80 端口已有其他服务，则需要修改 HTTP 的服务端口，比如 8080。

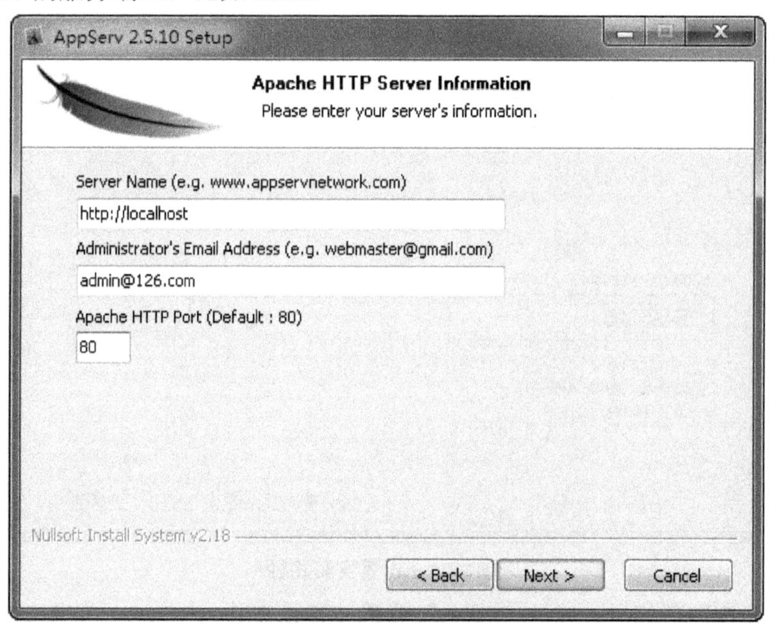

图10-6　设置服务器信息

（6）配置 AppServ 中的 MySQL 服务用户名和密码，如图 10-7 所示。MySQL 服务器数据库的默认管理账户为 root，默认字符集为 UTF-8，可根据需要自行修改相关的字符集编码，一般英文 UTF-8 比较通用，中文 GBK 比较常用。

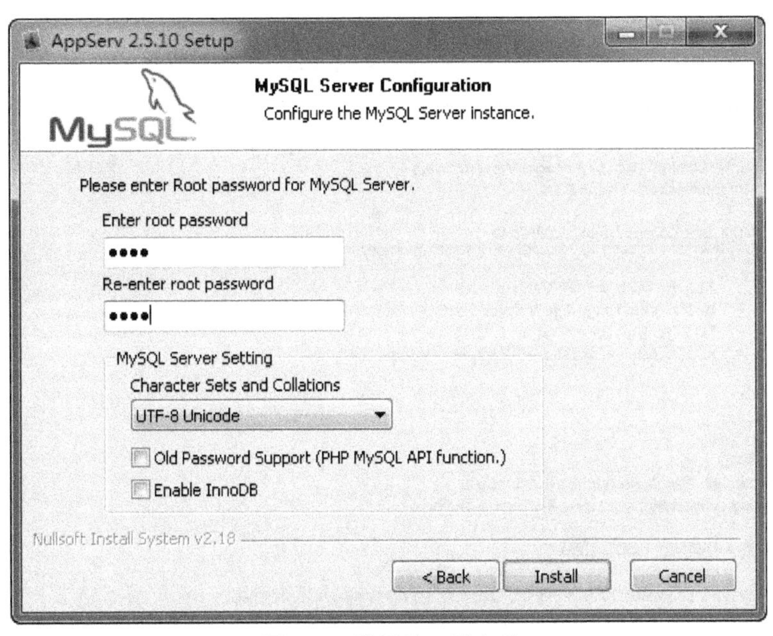

图10-7 设置管理员密码

（7）单击“Install”按钮后开始自动安装AppServ，安装完成后单击Finish按钮，AppServ会自动启动Apache和MySQL服务，如图10-8所示。

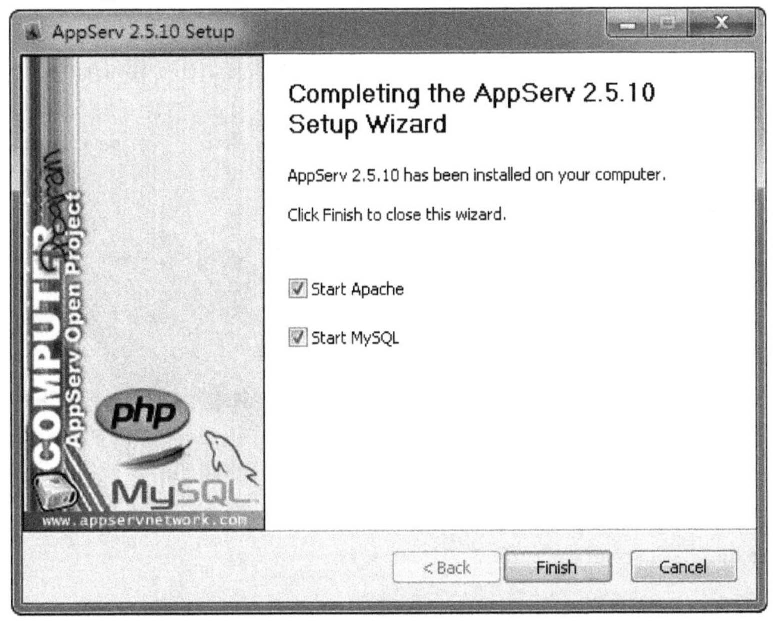

图10-8 安装完成界面

（8）测试AppServ是否安装配置成功。在浏览器中输入http://localhost，即可看到如图10-9所示的测试页面，说明AppServ安装成功了。

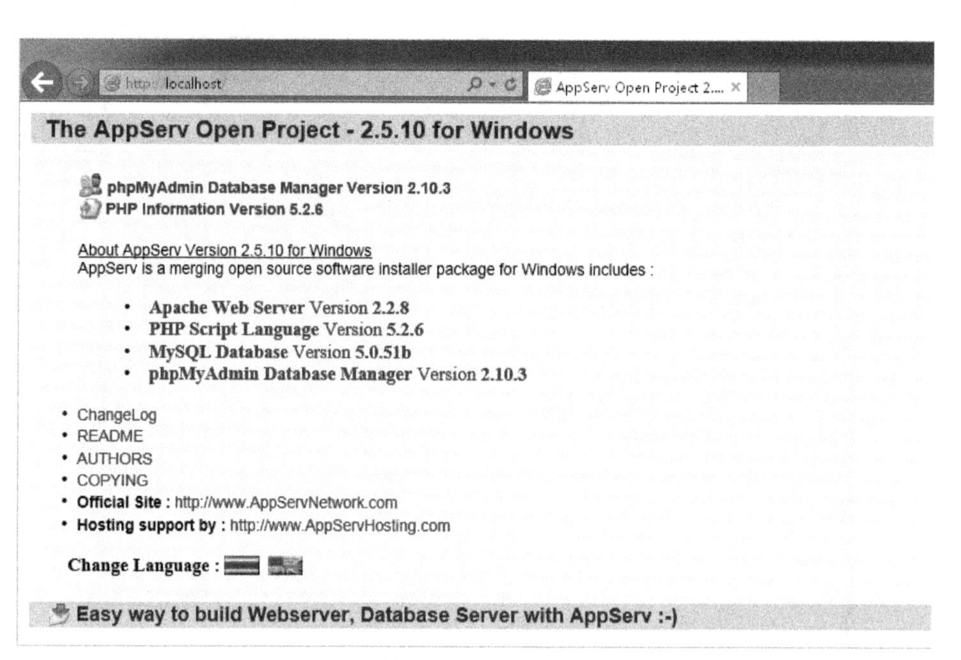

图10-9　测试页面

10.1.3　新闻数据库设计

使用 phpMyAdmin 创建数据库名为 cms，在其中创建 3 张表：管理员表 tb_admin、新闻信息表 tb_news 和新闻分类表 tb_newstype。各表结构如图 10-10 ～图 10-12 所示。

	字段	类型	整理	属性	Null	默认	额外
☐	uid	int(11)			否		auto_increment
☐	username	varchar(20)	gb2312_chinese_ci		否		
☐	password	varchar(10)	gb2312_chinese_ci		否		
☐	email	varchar(50)	gb2312_chinese_ci		否		
☐	state	char(1)	gb2312_chinese_ci		否		

图10-10　tb_admin表结构

	字段	类型	整理	属性	Null	默认	额外
☐	nid	int(11)			否		auto_increment
☐	title	varchar(100)	gb2312_chinese_ci		否		
☐	tid	char(10)	gb2312_chinese_ci		否		
☐	author	varchar(30)	gb2312_chinese_ci		否		
☐	time	datetime			是	*NULL*	
☐	hits	int(11)			是	*NULL*	
☐	content	text	gb2312_chinese_ci		否		

图10-11　tb_news表结构

字段	类型	整理	属性	Null	默认	额外
tid	int(10)			否		auto_increment
typename	varchar(20)	gb2312_chinese_ci		否		
flag	char(1)	gb2312_chinese_ci		否		

图10-12 tb_newstype表结构

10.1.4 定义news站点

在 Dreamweaver 中创建一个“企业新闻系统”网站站点 news。创建 news 站点的具体操作步骤如下。

（1）首先把 news 源文件夹复制到指定路径 C:\AppServ\www 下。如图 10-13 所示，所有建立的程序文件都放在此文件夹下。

图10-13 建立站点文件夹

（2）打开 Dreamweaver，选择菜单栏中的“站点”→“新建站点”命令，打开“站点设置对象”对话框，设置“站点名称”为 news。“本地站点文件夹”为 C:\AppServ\www\news\，如图 10-14 所示。

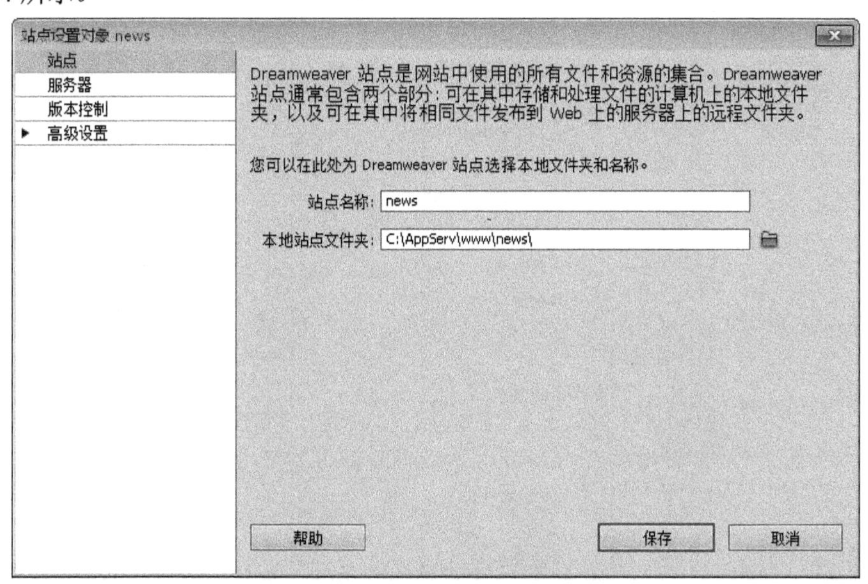

图10-14 建立news站点

（3）单击列表框中的“服务器”选项，并单击“添加服务器”按钮[+]，打开“基本”选项卡，进行如图10-15所示的参数设置。

- “服务器名称”：http://localhost/news/。
- “连接方法”：本地/网络。
- “服务器文件夹”：C:\AppServ\www\news\。
- “Web URL”：http://localhost/news/。

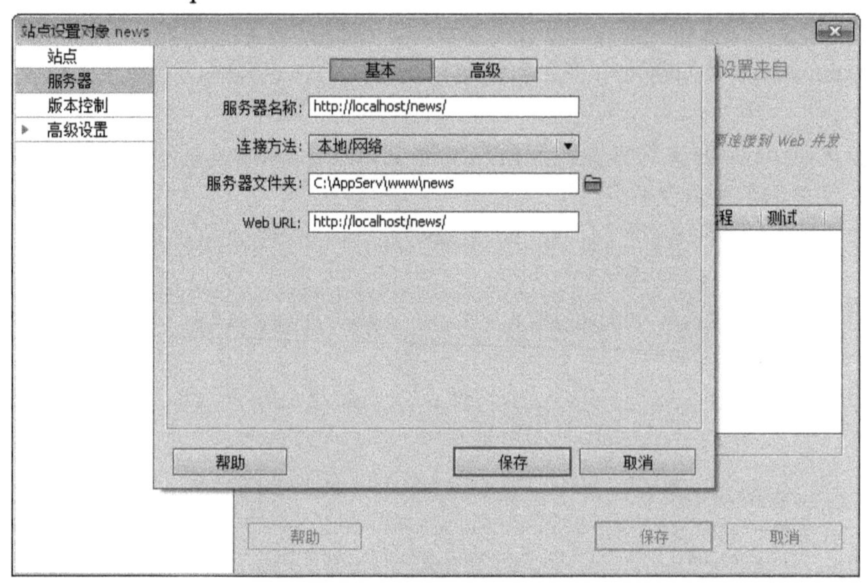

图10-15　设置“基本”选项卡

（4）设置后单击“高级”选项卡，选中“维护同步信息”复选按钮；在“服务器模型”下拉列表框中选择“PHP MySQL”选项，表示是使用PHP开发的网页，其他的保持默认值，如图10-16所示。

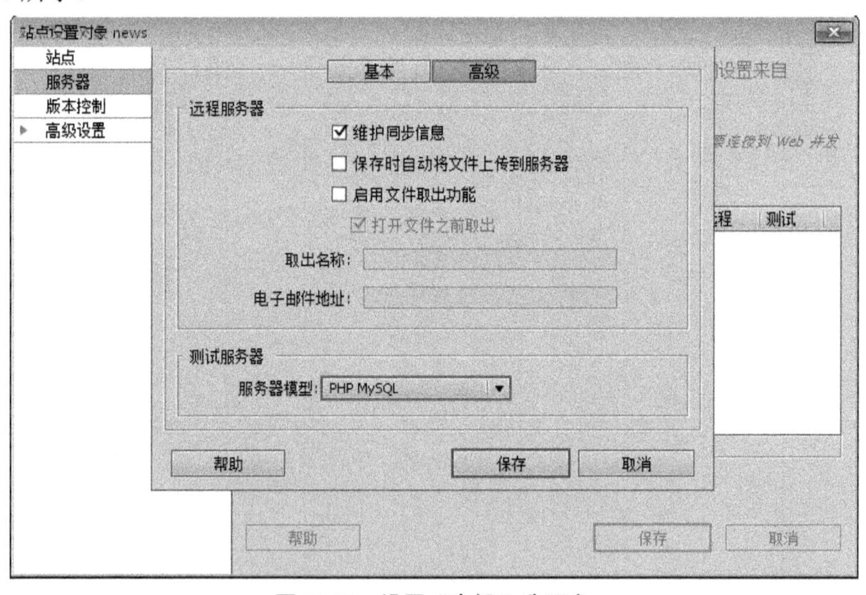

图10-16　设置“高级”选项卡

（5）单击“保存”按钮，返回“服务器”设置对话框，选中“测试”复选按钮，如图10-17所示。

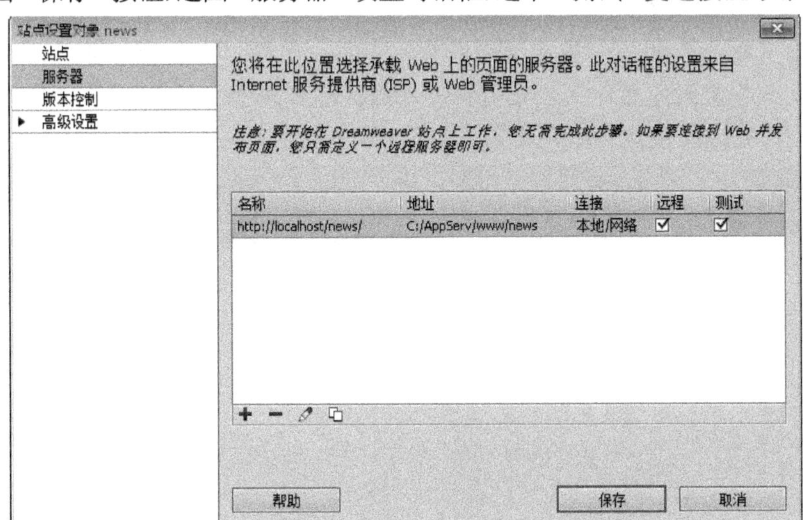

图10-17　设置“服务器”参数

单击“保存”按钮，即可完成站点的定义设置。单击“完成”按钮，关闭“站点设置对象”对话框，这样就完成了news站点的环境设置。

10.1.5　设置数据库连接

数据库设计之后，需要将数据库连接到网页上，这样网页才能调用数据库和存储相应的信息。由于新闻发布系统的大部分页面都需要建立与数据库的连接，所以将用于与数据库进行连接的代码放入一个单独的文件conn.php中，在需要与数据库进行连接的页面中，用PHP提供的include语句包含该文件即可。

在站点文件夹创建conn.php空白页面，输入以下数据库连接代码：

```
<?php
// 连接数据库服务器
$conn=mysql_connect("localhost","root","root")or die("mysql 连接失败 ");
mysql_select_db("cmsdb")or die("db 连接失败 ");    // 连接指定的数据库
mysql_set_charset("gb2312");
mysql_query("set names 'gb2312'");              // 设置数据库的编码格式
?>
```

如果需要更改数据库名称，只要将该代码中的cmsdb做相应的更改即可实现。同时用户名和密码与在本地安装的用户名和密码要保持一致。

10.2　新闻管理系统后台开发

一个完善的企业新闻系统要提供网站所有者一个功能齐全的后台管理功能，例如，网站所有者登录后台可以进行发布新闻、编辑新闻、删除新闻等管理。本节主要介绍使用PHP进行企业新闻系统后台开发的方法。

10.2.1 后台整体规划

本案例将所有制作的后台管理页面放置在 admin 文件夹下，和单独设计的一个网站一样，需要建立一些常用的文件夹，如用于放置网页样式表的文件夹 css、放置图片的文件夹 images 等。设计完成的整体文件夹及文件如图 10-18 所示。

C:\AppServ\www\news\admin

组织 ▾ 包含到库中 ▾ 共享 ▾ 刻录 新建文件夹

名称	修改日期	类型	大小
css	2014/1/18 14:24	文件夹	
images	2014/1/18 14:56	文件夹	
js	2014/1/18 7:05	文件夹	
addnews.php	2014/1/21 8:46	PHP 文件	4 KB
addnewssave.php	2014/1/20 17:28	PHP 文件	1 KB
addtype.php	2014/1/22 11:02	PHP 文件	3 KB

图10-18 网站后台文件结构

10.2.2 用户登录

后台管理员在进行后台管理时都需要先进行身份验证。用户登录功能在 login.php 文件中完成。在单击“登录”按钮后，判断用户名和密码是否正确，如果正确则登录成功，进入系统主页面 index.php，否则将弹出提示信息。具体步骤如下：

（1）判断用户名和密码是否为空，应用的是 JavaScript 自定义脚本函数。该段程序是验证表单时经常使用的方法，读者可以重点浏览并掌握其功能，在其他系统的开发中也经常被使用。主要的代码如下：

```
<script language="javascript">
function checkinput(){
  if(form1.username.value==''){
          alert('请输入用户名');
          form1.username.select();
          return false;
      }
  if(form1.password.value=='') {
          alert('请输入密码');
          form1.password.select();
        return false;
      }
  return true;
}
</script>
```

（2）设置表单进行验证。

```
<form name="form1" method="post" action="checkadmin.php" onsubmit="return checkinput()">
</form>
```

（3）checkadmin.php 是判断管理员身份是否正确的页面，如果正确则登录成功，否则将提示用户名和密码不正确。使用 PHP 编写的程序如下：

```
<?php
include 'conn.php';
$username=$_POST['username'];
$password=$_POST['password'];
$result=mysql_query("select count(*) from tb_admin where username='$username'"
. "and password='$password'");
$row=mysql_fetch_row($result);
if($row[0]!=1) {
echo "<script>alert('你输入的用户名或密码不正确');location.href='login.php'</script>";
exit;
}
else{
echo "<script>location.href='index.php'</script>";
}
?>
```

后台登录界面如图 10-19 所示。

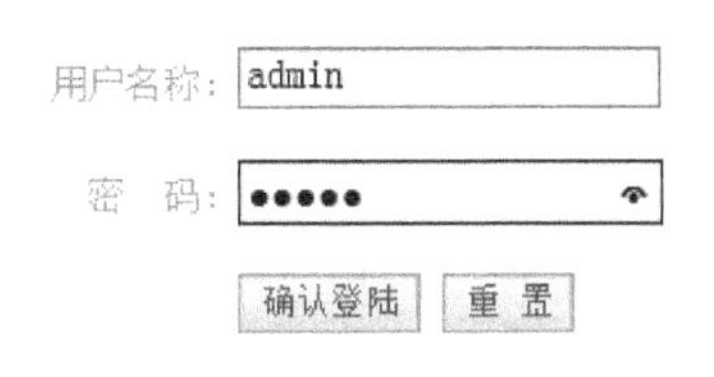

图10-19　登录界面

10.2.3　发布新闻

1．添加新闻

用于添加新闻的页面是 news_add.php，实现的方法就是采集新闻的字段进行数据的插入操作。其具体步骤如下：

（1）在单击“发表”按钮时，还要实现所有的字段检查功能。调用 JavaScript 程序进行检查的代码如下：

```
<script language=»javascript»>
function checkinput(){
if(form1.title.value==''){
        alert('请输入新闻标题'); form1.title.select(); return false;

    }
```

```
if(form1.author.value==''){
            alert('请输入作者');  form1.author.select();  return false;
        }
     if(form1.typeid.value=="){
            alert('请选择新闻类型');  return false;
        }
     if(form1.hits.value==''){
            alert('请输入点击数');   form1.hits.select();  return false;

        }
     if(form1.content.value==''){
            alert('请输入新闻内容');  form1.content.select();  return false;

        }
    return true;
  }
  </script>
```

（2）从数据库中读取新闻分类，并显示在页面。

```
  <td> <select name="typeid" id="typeid">
   <?php
            include 'conn.php';
            $result=mysql_query("select * from tb_newstype");
            while($row=mysql_fetch_array($result))
             {
           ?>
    <option value=<?php echo $row['tid']?>><?php echo $row['typename']?></
option>
    <?
           }
           ?>
  </select></td>
```

显示新闻分类效果如图10-20所示。

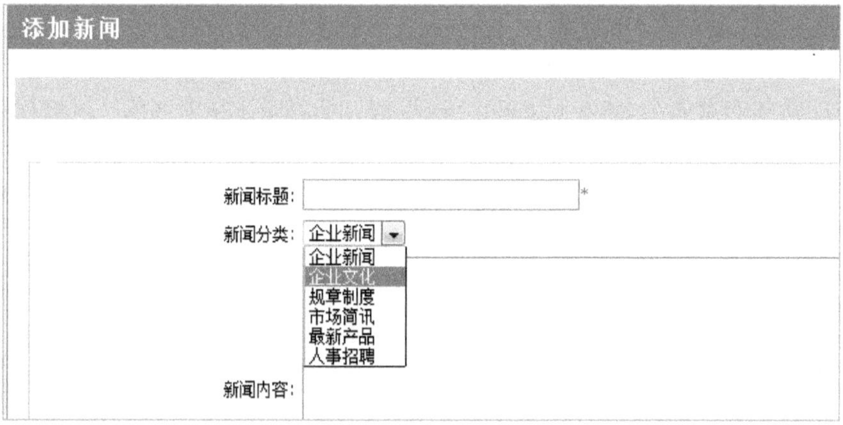

图10-20　显示新闻分类

（3）设置表单进行验证。

```
<form name="form1" method="post" action="news_addsave.php"
onsubmit="return checkinput()">
</form>
```

（4)提交表单信息到数据处理页 news_addsave.php。在处理页中，将获取的新闻标题、作者、新闻分类、新闻内容等参数使用 insert 语句，并最终通过 mysql_query() 函数执行 insert 语句，将数据添加到数据表中。其代码如下：

```
  <?php
 include 'conn.php';
 $title=$_POST['title'];
 $author=$_POST['author'];
 $typeid=$_POST['typeid'];
 $hits=$_POST['hits'];
 $content=$_POST['content'];
  $result=mysql_query("insert into tb_news(title,author,tid,time,hits,content) "
    . " values('$title','$author','$typeid',now(),'$hits','$content')");
 if($result==1){
     echo "<script>alert('添加成功！');location.href='news_add.php'</script>";

 }else{
       echo "<script>alert('添 加 不 成 功！');location.href='news_add.php'</
script>";
 }
  ?>
```

发布新闻的页面如图 10-21 所示。

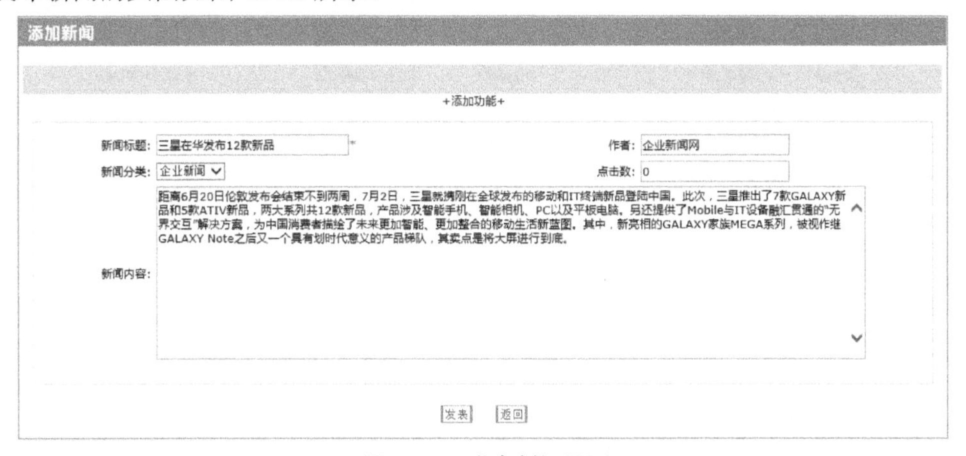

图10-21　发布新闻界面

2．新闻列表

在 news.php 页面显示新闻列表，是使用 SELECT 语句从数据表中读取所有数据显示在页面上。由于显示的内容涉及两张表，在读取时使用表的连接方法，把 tb_news 表的 tid 字段和 tb_newstype 表的 tid 字段连接起来。具体代码如下：

```
  <?php
 include 'conn.php';
 $result=mysql_query("select * from tb_news,tb_newstype"
   ."where tb_news.tid=tb_newstype.tid order by nid");
   while($row=mysql_fetch_array($result)){
   ?>
   <tr bgcolor="#FFFFFF">
   <td valign="bottom"><input type="checkbox" name="delid"/></td>
   <td valign="bottom" ><?php echo $row['nid']?></td>
   <td valign="bottom"><?php echo $row['title']?></td>
   <td valign="bottom"><?php echo $row['typename']?></td>
   <td valign="bottom"><?php echo $row['author']?></td>
   <td valign="bottom"><?php echo $row['hits']?></td>
   <td valign="bottom"><?php echo $row['time']?></td>
   <td valign="bottom"><a href=""> 查 看 </a> | <a href=""> 修 改 </a> | <a
href="">删除</a></td>
  </tr>
   <?php
   }
 ?>
```

显示新闻列表的页面如图 10-22 所示。

新闻信息列表

选择	新闻编号	新闻标题	新闻分类	作者	点击数	创建时间	操作
□	1	二十国集团峰会美俄总统不会晤	规章制度	企业新闻网	0	2014-01-20 15:58:11	查看 | 修改 | 删除
□	2	华祥苑茶业股份有限公司	最新产品	企业新闻网	0	2014-01-20 16:00:08	查看 | 修改 | 删除
□	3	国投组织开展科技领导力研修	企业文化	企业新闻网	23	2014-01-20 16:07:37	查看 | 修改 | 删除
□	4	国家电网公司全力迎战高温高负荷	规章制度	企业新闻网	0	2014-01-20 00:00:00	查看 | 修改 | 删除
□	5	茅台镇中小酒企面临生死大考	企业新闻	企业新闻网	5	2014-01-20 00:00:00	查看 | 修改 | 删除
□	6	娃哈哈150亿进军白酒业	企业新闻	企业新闻网	5	2014-01-20 00:00:00	查看 | 修改 | 删除
□	7	三星在华发布12款新品	企业新闻	企业新闻网	12	2014-01-20 00:00:00	查看 | 修改 | 删除
□	8	重构国企改革微观技术	企业新闻	企业新闻网	4	2014-01-20 00:00:00	查看 | 修改 | 删除
□	9	华为去年销售收入同比增长8%	规章制度	企业新闻网	6	2014-01-20 00:00:00	查看 | 修改 | 删除
□	10	中联重科捷报频传 科技创新促进企业“良性循环”	市场简讯	企业新闻网	4	2014-01-20 00:00:00	查看 | 修改 | 删除
□	11	恶意超标企业就要变成过街老鼠	市场简讯	企业新闻网	3	2014-01-20 00:00:00	查看 | 修改 | 删除
□	12	英媒曝万达将以1.75亿英镑收购南安普敦	企业新闻	企业新闻网	4	2014-01-20 00:00:00	查看 | 修改 | 删除

图10-22 显示新闻列表

3. 分页显示

在 news.php 新闻列表页面使用分页技术输出新闻的相关信息。具体操作步骤如下：

（1）在 news.php 页面显示第一页的信息。

```
 <?php
     include 'conn.php';
     $pagesize=3;       // 每页显示的数量
     $rowcount=0;      // 共有多少条新闻
```

```
        $pagenow=1;       //显示第几页
        $pagecount=0;    //共有多少页
    $result=mysql_query("select count(*) as total from tb_news");
        $row2=mysql_fetch_array($result);
        $rowcount=$row2['total'];                   //新闻记录总量
        $pagecount=ceil($rowcount/$pagesize);  //总页数

       //当前页码
         if(!empty($_GET['page'])){
                 $pagenow=$_GET['page'];
          }

    $result=mysql_query("select * from tb_news,tb_newstype  where "
    ." tb_news.tid=tb_newstype.tid order by nid  limit ".($pagenow-
1)*$pagesize." ,$pagesize");
      while($row=mysql_fetch_array($result)){
      ?>
        <tr bgcolor="#FFFFFF">
           <td valign="bottom"><input type="checkbox" name="delid"/></td>
        <td valign="bottom" ><?php echo $row['nid']?></td>
           <td valign="bottom"><?php echo $row['title']?></td>
    <td valign="bottom"><?php echo $row['typename']?></td>
        <td valign="bottom"><?php echo $row['author']?></td>
        <td valign="bottom"><?php echo $row['hits']?></td>
        <td valign="bottom"><?php echo $row['time']?></td>
    <td valign="bottom"><a href=""> 查 看 </a> | <a href=""> 修 改 </a> | <a
href=""> 删除 </a></td>
         </tr>
      <?php
          }
       ?>
```

（2）打印页码信息。

```
 <tr>
    <td width="50%"> 共 <span class="right-text09"><?php echo $pagecount?></
span> 页 | 第
    <span class="right-text09"><?php echo $pagenow?></span> 页 </td>
       <td width="49%" align="right">
       [<a href="?page=1" class="right-font08"> 首页 </a>

    <?php
        for($i=1;$i<=$pagecount;$i++){
           echo "<a href='news.php?page=$i'>[$i]</a> ";
        }
       ?>
    <?php
```

```
        if($pagenow>1){
            $prepage=$pagenow-1;
            echo "<a href='news.php?page=$prepage'> 上一页 </a> ";
          }
      ?>
        <?php
          if($pagenow<$pagecount){
            $nextpage=$pagenow+1;
            echo "<a href='news.php?page=$nextpage'> 下一页 </a> ";
          }
          ?>
      <a href="news.php?page=<?php echo $pagecount ?>" class="right-font08"> 末
页 </a>]</td>
   </tr>
```

分页显示效果如图 10-23 所示。

新闻信息列表							
选择	新闻编号	新闻标题	新闻分类	作者	点击数	创建时间	操作
□	13	人社部：延迟退休是必然选择 有助于缓解抚养压力	社会新闻	中国新闻网	0	2014-01-24 16:54:09	查看 | 修改 | 删除
□	14	李娜澳网决赛前披国旗亮相 笑容灿烂自信足	社会新闻	新华网	0	2014-01-24 16:54:50	查看 | 修改 | 删除
□	15	数据显示我国高收入人群与南非司机工资相当	社会新闻	新华网	0	2014-01-24 16:56:24	查看 | 修改 | 删除

删除所选信息　　共 5 页 | 第 1 页 [首页 [1] [2] [3] [4] [5] 下一页 末页]

图10-23　分页显示新闻

4. 查看新闻

在 news.php 页面，查看新闻即显示具体新闻的页面，通常包括显示所查看新闻的标题、时间、作用及具体内容，具体的代码如下。

（1）在 news.php 页面给“查看”文字加上超链接，代码如下：

```
<a href="news_show.php?id=<?php echo $row[nid]?>"> 查看 </a>
```

（2）新建 news_show.php 页面，并把新闻的具体信息查询并显示出来。

```
<?php
    include 'conn.php';
    $id=$_GET['id'];
    $result=mysql_query("select * from tb_news,tb_newstype"
                                    ."where tb_news.tid=tb_newstype.tid and
nid=$id ");
    while($row=mysql_fetch_array($result)){
 ?>
  <tr>
       <td width="16%" height="20" align="right" bgcolor="#FFFFFF"> 新闻标题 :</td>
       <td width="84%" colspan="2" bgcolor="#FFFFFF"><?php echo
$row['title']?></td>
  </tr>
  <tr>
```

```
        <td height="20" align="right" bgcolor="#FFFFFF">新闻分类:</td>
        <td colspan="2" bgcolor="#FFFFFF"><?php echo $row['typename']?></td>
    </tr>
    <tr>
        <td height="20" align="right" bgcolor="#FFFFFF">作者:</td>
        <td colspan="2" bgcolor="#FFFFFF"><?php echo $row['author']?></td>
    </tr>
    <tr>
        <td height="20" align="right" bgcolor="#FFFFFF">发布时间:</td>
        <td colspan="2" bgcolor="#FFFFFF"><?php echo $row['time']?></td>
    </tr>
    <tr>
        <td height="80" align="right" bgcolor="#FFFFFF">新闻内容:</td>
        <td colspan="2" bgcolor="#FFFFFF"><?php echo $row['content']?></td>
    </tr>
<?php
    }
?>
```

查看新闻的页面效果如图 10-24 所示。

新闻详细内容	
新闻标题:	人社部：延迟退休是必然选择 有助于缓解抚养压力
新闻分类:	社会新闻
作者:	中国新闻网
发布时间:	2014-01-24 16:54:09
新闻内容:	1月24日电 人社部新闻发言人李忠今日指出，中国现在的平均预期寿命是75岁，据有关研究机构的专家预测，到2020年老年人口将达到2.55亿，2033年突破4亿，2050年达到4.83亿，延迟退休年龄是适应人口预期寿命增长的需要，也是应对人口老龄化的必然选择。

图10-24　查看新闻

10.2.4　操作新闻

1. 查询新闻

查询新闻的操作在 news.php 文件中完成，所以只需要对原来的代码稍作修改即可。

（1）在 news.php 页面设置查询按钮提交的表单。

```
<form method="get" action="news.php" name="sou" id="sou" >
</form>
```

（2）在 news.php 页面对原来的代码进行修改，接收查询文本框 key 的值，修改原来语句的查询条件。

```
<?php
    include 'conn.php';
    $key=empty($_GET['key'])?"":$_GET['key'];
    $parm="1=1";
```

```
    if($key!=""){
       $parm=" title like '%$key%'";
    }

   $pagesize=3;    //每页显示的数量
   $rowcount=0;    //共有多少条新闻
   $pagenow=1;     //显示第几页
   $pagecount=0;  //共有多少页
   $result=mysql_query("select count(*) as total from tb_news  where $parm");
   $row2=mysql_fetch_array($result);
   $rowcount=$row2['total']; //新闻记录总量
   $pagecount=ceil($rowcount/$pagesize);  //总页数

   //当前页码
   if(!empty($_GET['page'])){
          $pagenow=$_GET['page'];
     }

 $result=mysql_query("select * from tb_news,tb_newstype
 where tb_news.tid=tb_newstype.tid and $parm order by nid
               limit ".($pagenow-1)*$pagesize." ,$pagesize");
  while($row=mysql_fetch_array($result))
   {
 ?>
```

（3）修改页码传递的参数。

```
 <?php
    for($i=1;$i<=$pagecount;$i++){
    echo "<a href='?page=$i&key=$key'>[$i]</a> ";
    }
 ?>
<?php
    if($pagenow>1) {
       $prepage=$pagenow-1;
       echo "<a href='listnews.php?page=$prepage&key=$key'>上一页</a> ";
    }
 ?>
 <?php
     if($pagenow<$pagecount){
     $nextpage=$pagenow+1;
  echo "<a href='listnews.php?page=$nextpage&key=$key'> 下一页 </a> ";
  }
 ?>
```

查询新闻的页面效果如图 10-25 所示。

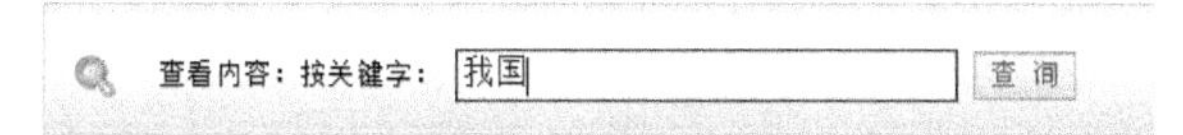

图10-25　查询新闻

2．修改新闻

在新闻发布后，如果发现发布的新闻信息有错误，可以通过单击“修改”文字链接功能来进行新闻信息的调整。修改新闻包括两个部分，首先从数据表里查询原来的数据显示在页面上，修改完之后再使用 UPDATE 语句更新数据表的信息。

（1）在 news.php 页面给“修改”文字加上链接，具体代码如下。

```
<a href="news_update.php?id=<?php echo $row[nid]?>">修改</a>
```

（2）从数据表里查询原来的数据显示在 news_update.php 页面，具体代码如下：

```
<?php
    include 'conn.php';
    $id=$_GET['id'];
    $result=mysql_query("select * from tb_news where nid=$id ");
    while($row=mysql_fetch_array($result)) {
?>
</head>
……(省略部分 HTML 代码)

<tr>
<td nowrap align="right" width="15%">新闻标题:</td>
<td width="35%">
<input name='title' type="text" class="text" style="width:200px"
value="<?php echo $row['title']?>" /><span class="red">*</span></td>
    <td align="right">作者:</td>
    <td><input class="text" name='author' style="width:154px"
value="<?php echo $row['author']?>" /></td>
</tr>
<tr>
    <td align="right">新闻分类:</td>
    <td>
<select name="typeid" id="typeid" >
    <?php
          include 'conn.php';
          $result2=mysql_query("select * from tb_newstype");
          while($row2=mysql_fetch_array($result2)){
    ?>
<option value=<?php echo $row['tid']?>
<?php if($row2['tid']==$row['tid']) echo "selected"?>>
      <?php echo $row2['typename']?>
</option>
   <?php
          }
```

```
  ?>
      </select>
    </td>
           <td width="15%"align="right">点击数：</td>
           <td width="35%" align="left">
<input class="text" name='hits' style="width:154px" id="hits"
  value="<?php echo $row['hits']?>" /></td>
  </tr>
     <tr>
           <td align="right">新闻内容：</td>
  <td colspan="3"><textarea name="content" cols="120" rows="12">
  <?php echo $row['content']?> </textarea></td>
     </tr>
     </table>
  <?php
       }
    ?>
```

（3）设置表单。

```
  <form name="form1" method="post" action="news_updatesave.php?id=<?php echo
$id ?>" >
  </form>
```

（4）新建 news_updatesave.php 页面。把新闻信息修改之后，使用 UPDATE 语句更新原来的数据。代码如下：

```
  <?php
 include 'conn.php';
 $id=$_GET['id'];
 $title=$_POST['title'];
 $author=$_POST['author'];
 $tid=$_POST['typeid'];
 $hits=$_POST['hits'];
 $content=$_POST['content'];
 $result=mysql_query("update tb_news set title='$title',author='$author', "
                           ."tid='$tid',hits='$hits',content='$content' where
nid='$id'");
  if($result==1)
  {
     echo "<script>alert('更新成功！');location.href='news.php'</script>";

 }else
 {
       echo "<script>alert('更新不成功！');location.href='news.php'</script>";

 }
 ?>
```

修改新闻页面效果如图 10-26 所示。

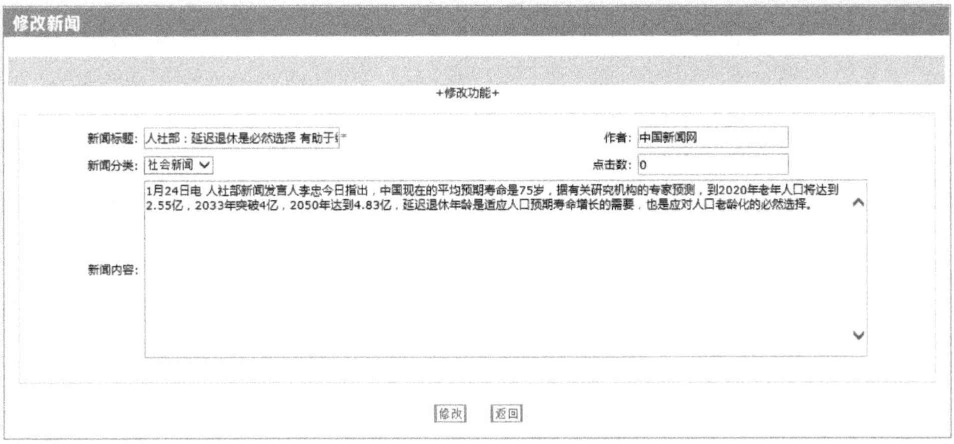

图10-26　修改新闻页面

3．删除新闻

新闻系统提供了删除功能，通过单击“删除”文字链接即可以将新闻信息从数据库中删除。具体操作步骤如下：

（1）在 news.php 页面给“删除”文字加上链接。

```
<a href="news_delete.php?id=<?php echo $row[nid]?>"> 删除 </a>
```

（2）新建 deletenews.php 页面。根据新闻编号，完成删除新闻的功能。

```
 <?php
include 'conn.php';
$id=$_GET['id'];
$result=mysql_query("delete from tb_news where nid='$id'");
 if($result==1){
    echo "<script>alert(' 删除成功！');location.href='news.php'</script>";

}else {
      echo "<script>alert(' 删除不成功！');location.href='news.php'</script>";


}
?>
```

删除新闻页面如图 10-27 所示。

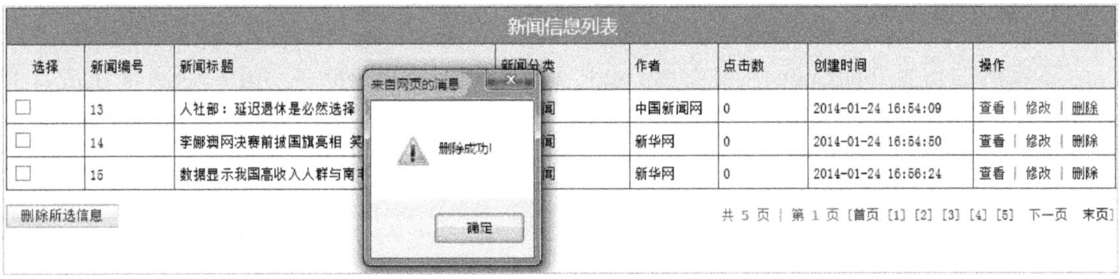

图10-27　删除新闻页面

4．批量删除

（1）在 news.php 页面设置复选按钮的 name 值为数组 id[]，value 为新闻的编号。

```
<input type="checkbox" name="id[]" value="<?php echo $row["nid"];?>"/>
```

（2）设置复选按钮跳转表单。

```
<form name="form1" method="post" action="news_deleteall.php" >
</form>
```

（3）新建 news_deleteall.php 页面，完成删除所选的新闻信息。

```
<?php
include 'conn.php';
$id=$_POST["id"];
foreach($id as $v) {
$result=mysql_query("delete from tb_news where nid='$v'");
}
echo "<script>alert(' 批量删除操作成功 ');location.href='news.php'</script>";
?>
```

批量删除页面效果如图 10-28 所示。

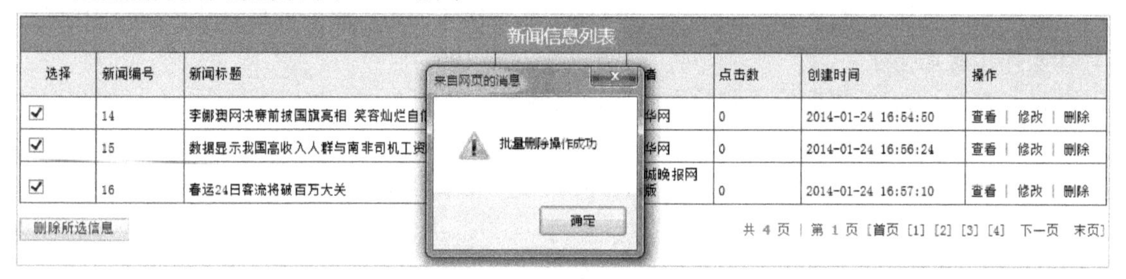

图10-28　批量删除新闻

通过本小节的介绍，企业新闻系统后台的新闻发布核心部分都介绍完了。请读者按照以上讲述的内容，完成新闻分类的添加、显示、分页、修改和删除操作。读者在使用时，可以根据自己的需求对网站进行一定的完善和更改，以达到自己的使用要求。

10.3　企业新闻系统前台设计

10.3.1　网站前台基本设置

1．include 语句

本案例的首页 index.php 主要由 top.php、left.php、bottom.php 共 3 个二级页面组成，其他页面需要用到这些只需要使用 include 语句把它引入即可。具体做法可以参考源代码。

例如，需要引入顶部菜单文件，可以使用以下语句：

```
<?php include 'top.php';?>
```

2．设置数据库连接

本案例前台也和后台一样，需要将用于与数据库进行连接的代码放入一个单独的文件conn.php中，在需要与数据库进行连接的页面中，用PHP提供的include语句包含该文件即可。

在站点文件夹创建conn.php空白页面，输入以下数据库连接代码：

```
<?php
//连接数据库服务器
$conn=mysql_connect(“localhost”,”root”,”root”)or die(“mysql连接失败");
mysql_select_db("cmsdb")or die("db连接失败");        //连接指定的数据库
mysql_set_charset("gb2312");
mysql_query("set names 'gb2312'");                    //设置数据库的编码格式
?>
```

如果需要更改数据库名称，只要将该代码中的cmsdb做相应的更改即可实现，同时用户名和密码与在本地安装的用户名和密码要保持一致。

10.3.2 新闻列表页设计

（1）显示所有的新闻信息。

```
<?php
  include 'conn.php';
  $result=mysql_query("select * from tb_news");
  while($row=mysql_fetch_array($result)){
?>
 <li><a href="content.php"><?php echo $row['title']?></a>
 <span><?php echo date('Y-m-d', strtotime($row['time']))?></span></li>
 <?php
    }
?>
```

（2）新闻分页显示，先显示第一页的新闻信息。

```
<?php
include 'conn.php';
$pagesize=20;        //每页显示的数量
$rowcount=0;         //共有多少条新闻
$pagenow=1;          //显示第几页
$pagecount=0;        //共有多少页
$result=mysql_query("select count(*) as total from tb_news");
$row2=mysql_fetch_array($result);
$rowcount=$row2['total'];                  //新闻记录总量
$pagecount=ceil($rowcount/$pagesize);      //总页数

//当前页码
if(!empty($_GET['page'])){
        $pagenow=$_GET['page'];
```

```
}
$result=mysql_query("select * from tb_news limit ".($pagenow-1)*$pagesize."
,$pagesize");
while($row=mysql_fetch_array($result))
  {
  ?>
  <li><a href="content.php?id=<?php echo $row['nid']?>"><?php echo
$row['title']?></a>
 <span><?php echo date('Y-m-d', strtotime($row['time']))?></span></li>
  <?php
    }
 ?>
```

（3）显示分页页码。

```
  <div class="fanye">
  <div class="fanye_left">页次：<?php echo $pagenow?>/<?php echo $pagecount?>
页
  每页<?php echo $pagesize?>条信息</div>
  <div class="fanye_right">分页：
  <?php
  for($i=1;$i<=$pagecount;$i++){
  echo "<a href='?page=$i'>[$i]</a>";
   }
  ?>
  <?php
  if($pagenow>1) {
  $prepage=$pagenow-1;
  echo "<a href='index.php?page=$prepage'>上一页</a>";
  }
  ?>
  <?php
  if($pagenow<$pagecount){
  $nextpage=$pagenow+1;
  echo "<a href='index.php?page=$nextpage'>下一页</a>";
  }
  ?>
 </div>
  </div>
```

显示新闻列表页面效果如图 10-29 所示。

新闻列表　　首页 > 新闻信息 > 新闻列表

英媒曝万达将以1.75亿英镑收购南安普敦	2014-01-20
恶意超标企业就要变成过街老鼠	2014-01-20
华为去年销售收入同比增长8%	2014-01-20
中联重科捷报频传 科技创新促进企业“良性循环”	2014-01-20
重构国企改革微观技术	2014-01-20
娃哈哈150亿进军白酒业	2014-01-20
三星在华发布12款新品	2014-01-20
茅台镇中小酒企面临生死大考	2014-01-20
国家电网公司全力迎战高温高负荷	2014-01-20
国投组织开展科技领导力研修	2014-01-20
二十国集团峰会美俄总统不会晤	2014-01-20
华祥苑茶业股份有限公司	2014-01-20
广州公租房户型遭吐槽：三房一厅使用面积仅39平	2014-01-24
港报：中国罕见公布核导弹演习照片	2014-01-24
联想“吞下”IBM部分服务器业务	2014-01-24
新康泰克再曝成分超标 中美史克麻烦不断	2014-01-24
58同城上市首日收盘涨42% 姚劲波身价4.4亿美元	2014-01-24
三星GALAXY NX智能相机品鉴会在京举行	2014-01-24
北京电科院亦庄生物医药园”定单班”开班仪式顺利举行	2014-01-24
浙江六成小微企业融资难 为生存多靠高利贷	2014-01-24

页次：1/2页　每页20条信息　　分页：[1] [2] 下一页

图10-29 显示新闻列表

10.3.3 新闻内容页设计

在 content.php 页面根据新闻的编号显示相应的新闻内容、标题、新闻时间等信息。代码如下：

```
  <?php
include 'conn.php';
$id=$_GET['id'];
$result=mysql_query("select * from tb_news,tb_newstype"
             ."where tb_news.tid=tb_newstype.tid and nid=$id");
while($row=mysql_fetch_array($result))
 {
  ?>
<div class="right_title"><b><?php echo $row['title']?></b>
<div>首页 &gt; 新闻信息 &gt; <span><?php echo $row['typename']?></span></div>
</div>
<div class="xiangqing">
  <div class="laiyuan">作者：<?php echo $row['author']?>
  发布时间：<?php echo $row['time']?></div>
                  <?php echo $row['content']?>
 </div>
```

```
<?php
 }
?>
```

显示新闻内容页面效果如图 10-30 所示。

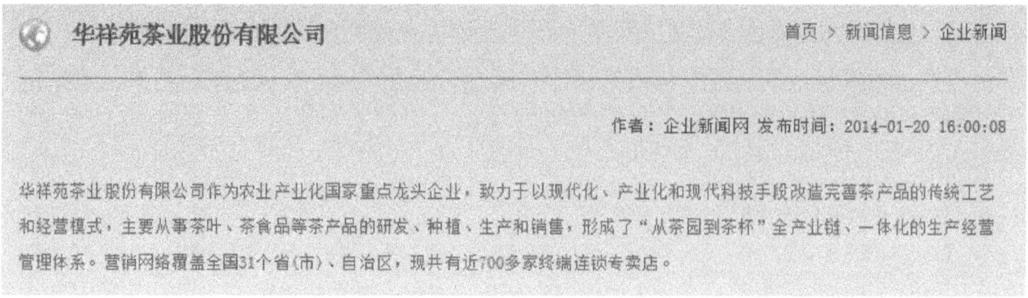

华祥苑茶业股份有限公司　　首页 > 新闻信息 > 企业新闻

作者：企业新闻网 发布时间：2014-01-20 16:00:08

华祥苑茶业股份有限公司作为农业产业化国家重点龙头企业，致力于以现代化、产业化和现代科技手段改造完善茶产品的传统工艺和经营模式，主要从事茶叶、茶食品等茶产品的研发、种植、生产和销售，形成了“从茶园到茶杯”全产业链、一体化的生产经营管理体系。营销网络覆盖全国31个省(市)、自治区，现共有近700多家终端连锁专卖店。

图10-30　显示新闻内容

10.3.4　新闻分类页设计

（1）在 left.php 页面列出新闻分类。

```
<?php
include 'conn.php';
$result=mysql_query("select * from tb_newstype");
while($row=mysql_fetch_array($result))
 {
 ?>
<li><a href=" type.php?id=<?php echo $row['tid']?>"><?php echo
$row['typename']?></a></li>
<?php
}
 ?>
```

显示新闻分类效果如图 10-31 所示。

新闻信息
市场简讯 >>
规章制度 >>
最新产品 >>
企业文化 >>
企业新闻 >>
社会新闻 >>
人事招聘 >>

图10-31　显示新闻分类

（2）在 type.php 页面显示相应的新闻分类信息。

```
<?php
include 'conn.php';
```

```
$id=$_GET['id'];
$pagesize=20;        //每页显示的数量
$rowcount=0;         //共有多少条新闻
$pagenow=1;          //显示第几页
$pagecount=0;        //共有多少页
$result=mysql_query("select count(*) as total from tb_news where tid=$id");
$row2=mysql_fetch_array($result);
$rowcount=$row2['total'];                  //新闻记录总量
$pagecount=ceil($rowcount/$pagesize);      //总页数

//当前页码
if(!empty($_GET['page'])){
       $pagenow=$_GET['page'];
}

$result=mysql_query("select * from tb_news  where tid=$id
  limit ".($pagenow-1)*$pagesize." ,$pagesize");
 while($row=mysql_fetch_array($result))
  {
 ?>
  <li><a href="content.php?id=<?php echo $row['nid']?>"><?php echo
$row['title']?></a>
 <span><?php echo date('Y-m-d', strtotime($row['time']))?></span></li>
<?php
    }
 ?>
```

显示分类新闻列表效果如图 10-32 所示。

图10-32　分类新闻列表

10.3.5　热门新闻和最新动态

（1）在 left.php 页面显示热门新闻。热门新闻是按照点击率的次数排序，查询出前 5 条记录。

```
<?php
  include 'conn.php';
```

```
   $result=mysql_query("select * from tb_news order by hits limit 0,5");
   while($row=mysql_fetch_array($result))
    {
?>
    <li><a href="content.php?id=<?php echo $row['nid']?>">
       <?php echo mb_substr($row['title'],0,13,'gb2312') ?></a></li>
  <?php
     }
   ?>
   <span><a href="#">更多</a></span>
  </ul>
```

热门新闻效果如下图 10-33 所示。

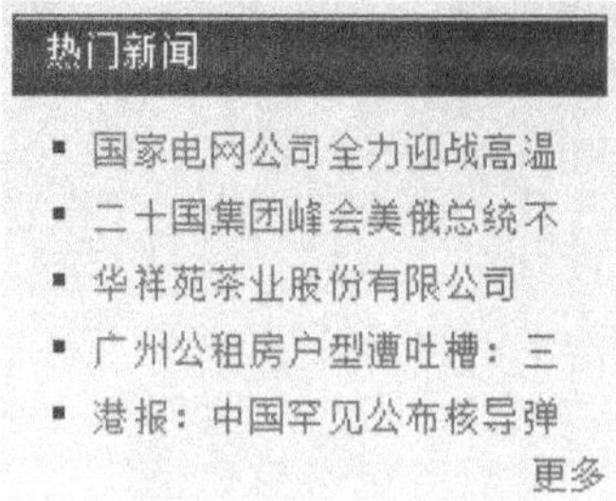

热门新闻
- 国家电网公司全力迎战高温
- 二十国集团峰会美俄总统不
- 华祥苑茶业股份有限公司
- 广州公租房户型遭吐槽：三
- 港报：中国罕见公布核导弹

更多

图10-33　热门新闻

（2）在 left.php 页面显示最新动态。最新动态是按照新闻时间进行排序，查询出前 5 条记录。

```
  <?php
  include 'conn.php';
  $result=mysql_query("select * from tb_news order by time limit 0,5");
  while($row=mysql_fetch_array($result))
  {
  ?>
  <li><a href="content.php?id=<?php echo $row['nid']?>">
  <?php echo mb_substr($row['title'],0,13,'gb2312') ?></a></li>
  <?php
  }
  ?>
```

最新动态效果如图 10-34 所示。

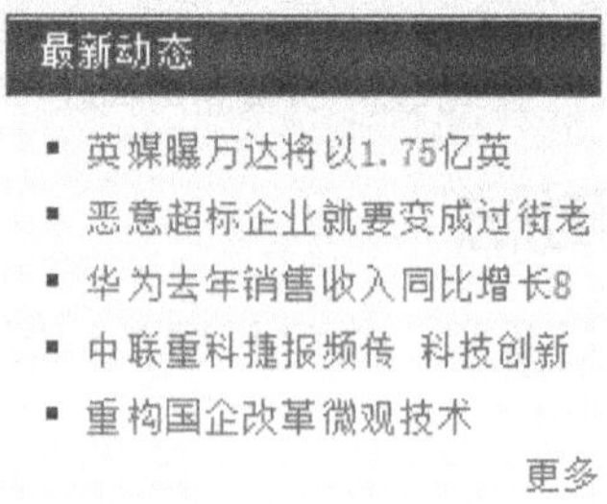

最新动态
- 英媒曝万达将以1.75亿英
- 恶意超标企业就要变成过街老
- 华为去年销售收入同比增长8
- 中联重科捷报频传 科技创新
- 重构国企改革微观技术

更多

图10-34　最新动态

参 考 文 献

[1] 刘增杰，张少军 . MySQL 5.5 从零开始 . 北京：清华大学出版社，2012

[2] 潘凯华 . MySQL 快速入门 . 北京：清华大学出版社，2012

[3] 黄缙华 . MySQL 入门很简单 . 北京：清华大学出版社，2011

[4] 郑阿奇 . MySQL 实用教程 . 北京：电子工业出版社，2011

[5] 唐汉明，翟振兴，关宝军，王洪权，黄潇 . 深入浅出 MySQL：数据库开发、优化与管理维护（第 2 版）. 北京：人民邮电出版社，2014

[6] 孔祥盛 . MySQL 数据库基础与实例教程 . 北京：人民邮电出版社，2014

[7] 秦婧，刘存勇 . 零点起飞学 MySQL. 北京：清华大学出版社，2013

[8] 张蒲生，王跃胜 . 数据库应用技术 . 北京：机械工业出版社，2007

[9] 王跃胜，潘泽宏 . 网络数据库项目开发教程 . 北京：中国人民出版社，2010

反侵权盗版声明

电子工业出版社依法对本作品享有专有出版权。任何未经权利人书面许可，复制、销售或通过信息网络传播本作品的行为；歪曲、篡改、剽窃本作品的行为，均违反《中华人民共和国著作权法》，其行为人应承担相应的民事责任和行政责任，构成犯罪的，将被依法追究刑事责任。

为了维护市场秩序，保护权利人的合法权益，我社将依法查处和打击侵权盗版的单位和个人。欢迎社会各界人士积极举报侵权盗版行为，本社将奖励举报有功人员，并保证举报人的信息不被泄露。

举报电话：（010）88254396；（010）88258888
传　　真：（010）88254397
E-mail：dbqq@phei.com.cn
通信地址：北京市万寿路 173 信箱
电子工业出版社总编办公室
邮　　编：100036